配方施肥技术辅导丛书

南方果树
专用肥配方与施肥

张洪昌　段继贤　李　翼　主编

中国农业出版社

图书在版编目（CIP）数据

南方果树专用肥配方与施肥/张洪昌，段继贤，李翼主编．—北京：中国农业出版社，2011.5
（配方施肥技术辅导丛书）
ISBN 978-7-109-15591-6

Ⅰ.①南… Ⅱ.①张…②段…③李… Ⅲ.①果树—肥料—配方②果树—施肥 Ⅳ.①S660.6

中国版本图书馆 CIP 数据核字（2011）第 064012 号

中国农业出版社出版
（北京市朝阳区农展馆北路 2 号）
（邮政编码 100125）
责任编辑 杨天桥

中国农业出版社印刷厂印刷 新华书店北京发行所发行
2011 年 6 月第 1 版 2011 年 6 月北京第 1 次印刷

开本：787mm×1092mm 1/32 印张：6.875
字数：145 千字 印数：1～5 000 册
定价：15.00 元

主　　编：张洪昌　段继贤　李　翼

副 主 编：丁云梅　殷成燕　谭根生　李星林

编写人员：张洪昌　段继贤　李　翼　丁云梅
殷成燕　谭根生　李星林　赵春山
高　瑛　王　校　金汇源　李　菡

编者的话

农谚说："有收无收在于水，收多收少在于肥。"

肥料是农作物的"粮食"。但是，肥料并不是施得越多越好。盲目过多施肥，既浪费肥料，又增加成本，降低产量，减少收益。实践证明，施用经科学配方生产的专用型复混肥料后，不但能提高化肥利用率，获得稳产高产，还能改善农产品质量，是一项增产节肥、节支增收的措施。

专用型复混肥料是针对作物需肥特性和土壤状况设计、生产的新型肥料，营养成分配比合理，形态协调，可以简化平衡施肥技术，便于大范围推广应用。

随着人民生活水平不断提高，人们更为注重农产品质量的安全。但是，由于长期大量使用化肥，特别是单质化肥，不仅造成了土壤板结和农业环境污染，而且使农产品的质量受到严重威胁，给人们健康带来负面影响。为此，推广养分配比科学合理的专用型肥料，对提高科学施肥水平、改善农业生态环境、生产无公害农产品、发展优质高产高效农业具有很现实的意义。

为了普及配方施肥科学知识和技术，应中国农业出版社之邀，我们在广泛收集国内有关施肥技术文献资料的基础上，结合多年从事生态环保多功能肥料研发的实践经验，编写了这套《配方施肥技术辅导丛书》。第一批计划出版5个分册，分别是《经济作物专用肥配方与施肥》、《粮食作物专用肥配方与施肥》、《蔬菜草莓西甜瓜专用肥配方与施肥》、

《北方果树专用肥配方与施肥》、《南方果树专用肥配方与施肥》。

丛书介绍了专用型复混肥料的配方设计方法、原料选择、生产工艺、主要生产设备等基础知识，并着重介绍了各种经济作物、粮食作物、蔬菜、瓜果的需肥特点、无公害施肥技术及专用肥料配方，是一套新型肥料研发、生产和施用的综合性科普读物，可供广大农民以及复混肥生产企业、肥料工作者、农资经营者、农业及农技推广工作者阅读。

丛书各分册专用肥料配方中的数据，是根据相关作物的需肥特点、科学施肥理念和生产工艺等因素综合考虑给出的，读者使用时还应根据当地耕地土壤状况、施肥方法和习惯、肥料来源以及气候条件等做适当调整、配制。

本书在编写过程中参考、引用了许多文献资料，在此谨向其作者表示谢意。

由于我们水平有限，书中难免疏漏和错误之处，恳请专家、同行和广大读者批评指正。

编　者

2011年1月

目 录

上　篇

配方施肥基础知识

一、肥料在农业生产中的作用

（一）肥料是农业生产的物质基础

肥料是以提供植物（作物）养分为其主要功能的物料。

肥料的主要作用是提供植物（作物）养分，提高产量和品质，培肥地力，改良土壤理化性能。

（二）肥料的分类

肥料品种日益繁多，但对肥料的分类目前还没有统一的方法，人们从不同的角度对肥料的种类加以区分，常见的方法见表1。

表1　常见的肥料分类方法

分类依据	类　别	肥料所含主要物料名称
按化学成分分类	有机肥料	来源于植物和（或）动物，施于土壤以提供植物（作物）养分为其主要功效的含碳物料。如饼肥、人粪尿、家禽家畜粪便、秸秆等沤堆肥、绿肥等农家肥和腐植酸肥料等。

（续）

分类依据	类　别	肥料所含主要物料名称
按化学成分分类	无机肥料（化学肥料）	标明养分为无机盐形式的肥料，由提取、物理和（或）化学工业方法制成。如尿素、硫酸铵、碳酸氢铵、氯化铵、过磷酸钙、磷酸铵、硫酸钾、氯化钾、磷酸二氢钾、钙镁磷肥、硫酸镁、硫酸锰、硼砂、硫酸锌、硫酸铜、硫酸亚铁、钼酸铵等。
	有机—无机肥料	来源于标明养分的有机和无机物质的产品，由有机肥料和无机肥料混合或化合制成。
按含营养元素成分数量分类	单质肥料	在肥料主养分中，仅含有一种养分元素标明量的氮肥、磷肥、钾肥的统称。如尿素、硫酸铵、碳酸氢铵、过磷酸钙、重过磷酸钙、硫酸钾、氯化钾等。硫酸铜、硼砂、硫酸锌、硫酸锰、硫酸亚铁、钼酸铵等分别称为单质微量元素肥。
	复混肥料	氮、磷、钾三种养分中至少有两种养分标明量的由化学方法或掺混方法制成的肥料，是复合肥料与混合肥料的总称。如各种复混（合）肥料。
	复合肥料	氮、磷、钾三种养分中至少有两种养分标明量的仅由化学方法制成的肥料。如磷酸一铵、磷酸二铵、硝酸磷肥、硝酸钾、磷酸二氢钾等。
	混合肥料	将两种或三种氮、磷、钾单质肥料，或用复合肥料与氮、磷、钾单质肥料其中的一两种，也可配适量的中、微量元素，经过机械混合的方法制取的肥料，可分为粒状混合肥料、粉状混合肥料和掺混肥料。如各种专用复混肥料。
	配方肥料	利用测土配方技术，根据不同作物的营养需要、土壤养分含量及供肥特点，以各种单质肥料或复合肥料为原料，再有针对性地添加适量中、微量元素或特定有机肥料等，采用掺混或造粒工艺加工而成的具有很强针对性和地域性的专用肥料。

（续）

分类依据	类　别	肥料所含主要物料名称
按肥料作用方式分类	速效肥料	养分易被植物（作物）吸收利用的肥料。如尿素、硝酸铵、硫酸铵、氯化铵、碳酸氢铵、过磷酸钙、重过磷酸钙、硫酸钾、氯化钾、农用硝酸钾等。
	缓效肥料	养分所呈的化合物或物理状态，施入土壤后能在一段时间内缓慢释放，供植物（作物）持续吸收利用的肥料。包括缓溶性肥料、缓释肥料。缓溶性肥料是通过化学合成的方法，降低肥料的溶解度，以达到长效的目的，如尿甲醛、尿乙醛、聚磷酸盐等；缓释性肥料是在水溶性颗粒肥料外面包上一层半透明或难溶性膜，使养分通过这一层膜缓慢释放出来，以达到长效的目的，如硫包衣尿素、沸石包裹尿素等。
按肥料的物理状态分类	固体肥料	呈固体状态的肥料。如尿素、硫酸铵、氯化铵、过磷酸钙、钙镁磷肥、磷酸铵、硫酸钾、硼砂、硫酸锌、硫酸锰等。
	液体肥料	悬浮肥料、溶液肥料和液氨肥料的总称。如液氨、氨水、叶面肥料、液体单质化肥或液状复合肥、聚磷酸铵悬浮液肥等。
	气体肥料	常温、常压下呈气体状态的肥料。如二氧化碳肥。
按作物对营养元素的需求量分类	大量元素肥料	利用含有大量营养元素的物质制成的肥料。如氮肥、磷肥、钾肥。
	中量元素肥料	利用含有中量营养元素的物质制成的肥料。常用的有镁肥、钙肥、硫肥。
	微量元素肥料	利用含有微量营养元素的物质制成的肥料。常用的有硼肥、锌肥、锰肥、钼肥、铁肥和铜肥等。
	有益营养元素肥料	利用含有益营养元素的物质制成的肥料。常用的是硅肥、稀土肥等。

（续）

分类依据	类　别	肥料所含主要物料名称
按肥料的化学性质分类	碱性肥料	化学性质呈碱性的肥料。如碳酸氢铵、钙镁磷肥、氨水和液氨等。
	酸性肥料	化学性质呈酸性的肥料。如磷酸二氢钾、过磷酸钙、硝酸磷肥、硫酸锌、硫酸锰、硫酸铜等。
	中性肥料	化学性质呈中性或接近中性的肥料。如硫酸钾、氯化钾、硝酸钾、尿素等。
按反应性质分类	生理碱性肥料	养分经作物吸收利用后，残留部分导致生长介质酸度降低的肥料。如硝酸钠、磷酸氢钙、钙镁磷肥等。
	生理酸性肥料	养分经作物吸收利用后，残留部分导致生长介质酸度提高的肥料。如氯化铵、硫酸铵、硫酸钾等。
	生理中性肥料	养分经作物吸收利用后，无残留部分或残留部分基本不改变生长介质酸度的肥料。如硝酸铵、尿素、碳酸氢铵等。

（三）肥料的重要性

肥料是农作物的“粮食”，是重要的农业生产资料。

肥料在农业生产中起着重要的作用。一是提高作物产量，解决温饱问题。据联合国粮农组织（FAO）调查统计，肥料的平均增产效果在40%～60%。二是改善作物品质，提高生活水平。通过合理施肥，可以有效改善作物品质，如适量施用钾肥，可明显提高蔬菜、瓜果中糖分和维生素含量，降低硝酸盐含量；适量施用钙肥，可以防治瓜果水心病、脐腐病等。三是保障耕地质量，促进可持续发展。通过合理施肥，补充作物吸收带走的养分，保护耕地质量。四是使作物生长茂盛，提高地面覆盖率，减缓或防止水土流失，维护地表水域、水体不受污染，相应地起到保护环境的作用。

在我国，农民购买肥料投入占全部农资投入的50%，如施肥不当，既增加农民投资成本，又不利于农作物生长发育。如氮肥施用过量，可能导致抗病虫、抗倒伏能力下降，作物产量下降，引起农产品尤其是食品中硝酸盐的富集；氮素的淋失会对地表水和地下水产生环境污染；氨的挥发和反硝化脱氮会对大气环境产生污染。

因此，肥料既是宝贵的资源，又要防止因不合理施用可能产生的不利影响。

（四）有机肥的主要作用

有机肥是我国的传统肥料。按科学的含义来讲，凡含有机质或含碳（C）元素的肥料，叫做有机肥。有机肥料的种类很多，如人和畜禽粪尿、农作物秸秆、含腐植酸的物料、饼粕、草炭、泥面料、城市垃圾等。可以说，哪里有农业、畜牧业，哪里有人类的日常生活活动，哪里就有有机肥的肥源。有机肥的肥料来源广泛，是所有生物的排泄物或残渣，或生物的腐解物。有机肥的积制操作简单，肥料养分完全，除含有大中量元素之外，还含有微量元素。与化肥相比，有机肥肥效持久缓慢，但也存在脏臭、不卫生、养分含量低、体积大和使用不方便等缺点。

1. 提高产量和品质

有机肥对农业的贡献巨大。几千年来，农业一直是靠有机肥料支撑的，直到化学肥料出现。有机肥可改良土壤，培肥地力，保证粮食作物、棉花和油料作物的产量。

有机肥料含有植物所需要的大量营养成分、各种微量元素、糖类、脂肪和多种生物性激素，有效成分能直接供应农作物吸收利用，也能为土壤中微生物提供生物能量，以提高农作物的产量。科学施用有机肥料，能提高农作物的产量和营养品质以及外观品质。

2. 培肥土地

有机肥料含有丰富的有机物质。施用有机肥能增加土壤中有机质的含量。有机质能改良土壤物理、化学和生物特性，熟化土壤、培肥地力。施用有机肥能增加许多有机胶体，能大大增加土壤的吸附表面，产生许多胶黏物质，使土壤颗粒胶结起来，变成稳定性的团粒结构，提高土壤保水、保肥和透气性能，并有调节土壤温度和湿度的能力。

施用有机肥料还可使土壤中的微生物大量繁殖，特别是许多有益微生物如固氮菌、氨化菌、硝化菌、纤维分解菌和磷钾细菌。长期施用有机肥，使土壤有益微生物的数量明显增加，可以提高土壤的生理活性，使土壤养分状况越来越好、土壤能量越来越充足，土壤的缓冲性和抗逆性能也得到明显提高。

有机肥料在土壤中经过腐烂、分解，形成腐殖质，腐殖质中的各类腐植酸含有一定的羧基、羟基、酚羟基和醌基等。这些功能团具有刺激作用，能促进植物体内酶的活性，加强呼吸作用和光合作用，增强植物体内物质的合成、运转和积累。

3. 保护生态环境

有机肥料的长期施用，能起到防止和减少环境污染的作用。首先，利用人、畜、家禽的排泄物积存制作为肥料施入土壤里，消除了对一个局部地域的地表地下水资源、土地和小气候的污染，减轻了对人、畜、动、植物的病虫危害。其次，由于经常施用有机肥，使土壤有机质含量增加和更新，这样可大大提高土壤的吸附能力，有利于去除土壤中有毒物质或减轻其毒害。科学研究表明：土壤腐殖质对农药的吸附，不仅控制了农药在土壤中的残留，而且有利于残毒的降解、流失和挥发。第三，减轻了土壤中汞、镉和铬等重金属污染，通过土壤腐殖质与黏土矿物的吸附、化学沉淀和腐殖质的络合（螯合）作用，重金属对农作物的毒害大大减轻，农作物对这些有毒物质的吸收量大大减少，因此长期施用有机肥对土壤中重金属污染有很明显的减毒效果。中国农业科学院土壤肥料研究所王小平等人的试验证明：土壤中施用猪、鸡、马、羊等粪后，原来重金属铬为50毫克/千克，8天后降至2～3毫克/千克。这说明有机肥能减轻重金属对土壤和农作物的污染。

（五）专用型复混肥的发展前景

近年来，随着肥料生产企业技术水平的提高和农业服务的不断发展以及销售系统的日趋完善，一些国家在发展多品种、多规格复混肥的基础上，在发展通用型复混肥的同时，针对各种作物和各地区的土壤情况发展专用型复混肥，收到了良好的效果。试验统计证明了专用复混肥与不同施肥处理对比的增产效应（表2）。

我国复混肥生产中的一个重要趋势，是从普通型向专用型方向发展。因为专用复混肥具有如下特点：①效果好。专用肥的养分配比是根据不同土壤、不同作物的多年试验和大面积示范试验确定的，所以针对性强，增产效果好。②专一

表 2 专用型复混肥与不同施肥处理的对比

	统计次数	肥效分布			增产（%）	
		增产	平产	减产	平均	变幅
与无肥处理比较	14	14	0	0	33.4	15～82
与单施氮肥处理比较	8	8	0	0	29.3	13～57
与习惯处理比较	44	42	0	2	18.2	2～79
与通用复合肥比较	17	12	2	3	5.1	1～30

资料来源：《复合肥的生产与施用》。

性。专用肥只适用于某一作物在某种土壤类型上使用，而不适用所有作物和所有地区的不同土壤。其他地区若需用这种专用肥料，则应结合当地土壤状况和作物类型以及肥料原料来源等，专用专配。③肥料利用率高，肥效持续长久。一般情况下，施用专用型复混肥料不会因养分过多或太少而失去营养平衡，因此专用型复混肥料利用率是比较高的，比一般化肥利用率能提高 10%～20%，专用型复混肥料中不仅含有速效性养分，还含有缓释性和迟效性养分，肥效比较持久。④保护生态环境，促进农业可持续发展。由于专用型复混肥料比一般肥料利用率高，因此可以减少化肥用量，降低肥料投入，减少施用化肥对环境所造成的污染，有利于保护生态环境，促进农业可持续发展。

针对不同地区土壤的类型和不同作物（如蔬菜、果树、经济作物、粮食作物）的特殊营养要求，由复混肥生产企业结合测土结果，按照配方生产专用型复混肥料，对促进农业生产的发展是非常必要的。

二、作物的营养元素及其主要功能

作物的正常生长发育需要16种必需营养元素（此外，已发现的有益元素还有硅、钠、钛、碘、硒等矿质营养元素），这些营养元素的生理功能既是专性的，又互有联系，对作物生长发育同等重要、不能相互代替。其中，碳、氢、氧主要从空气和水中吸收，一般不会缺乏，其余的营养元素大都从土壤中吸收。在农业生产中，土壤中的营养元素难以满足作物的生长发育需要，需要通过施肥加以补充。

各种营养元素的吸收形态和主要生理功能见表3。

表3　作物必需营养元素的吸收形态和主要生理功能

营养元素	吸收形态	主要生理功能
碳（C）	CO_2、CO_3^{2-}、HCO_3^-	光合作用的原料； 淀粉、脂肪和蛋白质等重要有机化合物的组成元素。
氢（H）	H_2O、H^+、OH^-	作为水分的组成元素参与一切生理生化过程； 淀粉、脂肪和蛋白质等重要有机化合物的组成元素。
氧（O）	H_2O、CO_2、O_2	呼吸作用的原料； 参与水和二氧化碳的组成； 淀粉、脂肪和蛋白质等重要有机化合物的组成元素。
氮（N）	NH_4^+、NO_3^-	蛋白质的组成元素； 核酸和核蛋白的组成元素； 叶绿素的组成元素； 酶、维生素和激素等重要化合物的组成元素。

（续）

营养元素	吸收形态	主要生理功能
磷（P）	PO_4^{3-}、HPO_4^{2-}、$H_2PO_4^-$	构成核酸、核蛋白、酶、ATP 等重要化合物； 促进糖代谢、氮代谢和脂肪代谢； 促进植物生长、分蘖、根的伸长和开花结实； 增强植物抗旱、抗寒、抗盐碱和抗病虫害等的抗胁迫能力。
钾（K）	K^+	作为多种酶的活化剂，参与并调节各种代谢； 促进光合作用和光合产物的运输与转化； 调节硝态盐的吸收、还原以及蛋白质的合成； 促进作物经济用水； 增强植物抗旱、抗寒、抗盐碱和抗病虫害等的抗胁迫能力。
钙（Ca）	Ca^{2+}	是细胞壁的组成成分，并有助于细胞膜的稳定性； 通过影响细胞分裂而促进新细胞的形成和根系的生长； 作为多种酶的活化剂调节体内的各种代谢； 调节介质的生理平衡。
镁（Mg）	Mg^{2+}	叶绿素的构成元素； 作为多种酶的活化剂增强碳代谢、氮代谢、磷代谢和脂肪代谢； 促进维生素合成，协调离子间平衡。
硫（S）	SO_4^{2-}、SO_3^{2-}	构成蛋白质、酶、维生素等重要化合物； 促进叶绿素形成； 参与氧化还原过程； 增强植物抗寒性和耐寒性。

（续）

营养元素	吸收形态	主要生理功能
铁（Fe）	Fe^{2+}、Fe^{3+}	参与叶绿素合成； 是铁氧还蛋白、细胞色素氧化酶等的组分，在光合和呼吸作用中起重要作用； 与生物体内氧化、还原反应有关。
锰（Mn）	Mn^{2+}、Mn^{4+}	是叶绿素组分； 参与光合作用中水的光解； 调节体内氧化还原电位； 促进维生素C合成。
锌（Zn）	Zn^{2+}	是一些酶的构成元素和活化剂，参与光合作用的重要代谢； 促进生长素（IAA）合成，从而影响植物生长。
硼（B）	$BO_3{}^{2-}$	参与促进分生组织分化、开花器发育和种子形成。
钼（Mo）	$MoO_4{}^{2-}$	是作物体内硝酸还原酶的成分，参与硝态氮还原过程； 提高根瘤和固氮菌的固氮能力。
铜（Cu）	Cu^{+}、Cu^{2+}	是作物体内各种氧化酶活化基的核心元素，在催化作物体内氧化还原反应方面起着重要作用； 能增进叶绿体的稳定性； 含铜酶与蛋白质的合成有关。

三、作物对养分的吸收

（一）作物根部对养分的吸收

根部是作物吸收养分的主要器官，作物从土壤中吸收所需的养分与根系的大小、根系吸收养分的能力有关。作物的根系可分为直根系和须根系，大多数双子叶植物（如棉花、豆科）是直根系，而单子叶植物（如水稻、小麦）是须根系。根的形态特征包括根长、根半径、根面积、根毛密度。大多数陆生作物的根在地下形成庞大的根系，如一株成熟水稻的根系有200～700条根，每条根上都有许多支根，支根的尖端又有根毛，用以扩大根系对水分和养分的吸收面积。同一类作物甚至不同品种间根系差别很大，所以它们对营养元素的吸收量也不同。一般而言，凡根系深而广、分枝多、根毛发达的作物，根与土壤接触面大，吸收的营养元素量就多；根系浅而分布范围小的作物，对营养元素的吸收量就少。

主要作物的根系特征见表4。

表4　主要作物的根系特征

作物	最大根深（厘米）	密集根深（厘米）	根系特点
水稻	100	＜50	有部分根系密集在土壤表面
春小麦	120～150	90	根系水平伸展12～25厘米
冬小麦	150～200	100～150	
玉米	200	80～100	根系水平伸展可达50厘米
大麦	100～150	＜100	密集
棉花	≥180	100～170	70%～80%集中在上层90厘米内
花生	≥180	50～100	主根在50～60厘米
大豆	＞180	60～130	根系集中在上层30～60厘米
甘薯	＞180	100～150	根系稀少
马铃薯	60	40～60	根浅

（续）

作物	最大根深（厘米）	密集根深（厘米）	根系特点
甜菜	＞150	70～120	密集
甘蔗	＞300	120～200	根深且发达
烟草	＞100	50～100	根系水平伸展
葡萄	＞300	100～200	大部分根系集中在50～150厘米内
柑橘	100～200	120～160	根浅，60%集中在50厘米以内
香蕉	＜90	50～75	根稀少、浅
甘蓝	60	40～50	根浅
胡萝卜	50～100	＜60	密集
黄瓜	＞120	70～120	中等密集
莴苣	＞50	30～50	密集
番茄	150	70～150	根深，但主要吸水区在50～70厘米
西瓜	150～200	100～150	根稀
橡胶树	300～400	＜200	根深，发达，侧根可伸展20厘米以上

作物主要通过根系吸收土壤中的营养物质，因而大部分肥料应施在生长期间根系分布密集的土层中。作物一生中根系分布的特点也是不同的，生长初期，根系少而短，吸收能力弱，应在表层施用少量易被吸收的速效性肥料，以供应苗期营养；在作物生长后期，根系长入较深的土层中，所以追肥应深施。针对作物早期根系特点对施肥部位有一定要求，如作物早期直根发达，则肥料最好施在下面，如侧根发达则应施在种子周围。

（二）作物叶部对养分的吸收

作物植株能通过地上部分的茎、叶等器官吸收营养物质，这种现象称为叶面营养。叶面营养包括两个方面：一是喷施肥料，补充植物生理营养；二是喷施各种生长调节剂，调节植物生长。一般作物的叶片由气孔、角质层、蜡质层、表皮细胞、维管束等组成，叶面即表皮细胞的外面是角质层和蜡质层，由表皮细胞原生质生成，通过细胞壁分泌到表面。试验证明，养分进入叶细胞可以通过气孔，也可通过叶片角质层上的裂缝和从表皮细胞延伸到角质层的微细结构，是角质膜到达表皮细胞原生质的通道。作物叶部吸收的养分和根部吸收的养分都能在作物体内同化和运转。

叶面施肥也称为根外追肥，是叶部吸收养分的主要方式，它是将作物所需养分直接施用于叶面的技术，具有吸收速度快、利用率高、节省肥料、效益好等特点。但叶面吸收养分只是作物吸收养分的辅助来源，当作物根部吸收养分困难时，叶部养分吸收就具有重要意义。因此，叶面喷施液肥也是一条有效的施肥途径。

四、施肥与农产品品质

（一）化肥与绿色食品生产

目前，无公害食品、绿色食品受到人们越来越多的关注，成为一种时尚，而对使用化肥和食用施了化肥的农产品产生心理恐惧。这与片面宣传和传媒误导有很大关系，所以有必要正确认识施肥与农产品品质的关系。

在绿色食品（AA级）的生产中，不能施用铵态氮、硝态氮、酰胺态氮等化肥，而必须施用有机肥料。这种观点有待探讨，因为有机肥料中的有机态氮，大多不能直接被作物吸收利用，必须在微生物作用下转化成铵态氮（NH_4^+）和硝态氮（NO_3^-）后才能被植物吸收，而化肥中的氮，在土壤中也是以铵态氮和硝态氮的形式被作物吸收的，作物不能识别哪些是 NH_4^+，哪些是 NO_3^-，所以谁先到达根表，谁都会被先吸收。

在生产A级绿色食品中，允许限量使用尿素、磷酸二铵，但禁止施用硝态氮肥。这种规定也是值得商榷的。首先，硝态氮和铵态氮均是植物吸收利用的两种形态，有些作物如蔬菜则是喜硝作物，减少硝态氮供应，蔬菜生长反而变差；其次，在土壤中尤其是旱地土壤中的有机态氮和铵态氮也能在微生物作用下形成硝态氮。所以，即使不施硝态氮肥的土壤中也存在硝态氮，被作物吸收。据此可以认为，像蔬菜这一类食用幼嫩组织的作物中不含硝态氮是不可能的。至于有的地方要生产绿色小麦、绿色向日葵而禁止使用含硝态氮的肥料，尚需科学证实。

我们认为，作物体内硝态氮含量除与遗传特性、光照条件及采收时间等因素有关外，关键是要合理施肥，包括氮肥施用量、施肥时期以及配施磷、钾肥等。有针对性地施用化肥不仅能提高产量，而且能改善品质，这已为世界各国学者所认同。

（二）施肥与农产品品质的关系

农产品品质除决定于作物本身的遗传特性外，还受到养分供给、土壤特性等因素的影响。大量试验表明，在土壤肥力较低又不施肥的情况下，作物产量和品质都很低，随着施肥量的增加，作物的产量和品质（参数）增加，当施肥量达到一定水平时，继续增加施肥量以谋求更高产量时，则品质的增长（曲线）明显先于产量（曲线）而下降，负面的品质（参数）迅速增长。在每公顷菠菜最高产量时的施氮（N）量为160～240千克，其品质参数如干物质、糖、蛋白质和维生素C达到最大值时的氮肥用量只有最高产量施肥量的50%左右，而对质量有负面影响的品质参数如硝酸盐、草酸等，则随着施氮量的增加而增加。

在供试条件下，每公顷施氮（N）在120千克左右的用量下，即能保证较高的产量和品质。

（三）氮与果品品质的关系

氮可促进果树成花、坐果、果实膨大。葡萄产量主要决定于花期土壤中氮的有效性。施氮可增加柑橘单果重、每树总可溶性固形物（TTS）、果汁中可溶性固形物（TTS），但降低糖酸比；氮素使用过多可产生厚皮及果皮色泽。

增加氮用量可以使葡萄保持果枝绿色，延长储藏期，但过高反而降低果色及糖分。氮的增加可以降低柑橘裂果、储存时烂果及失水。氮的施用不仅影响果实品质，而且影响果实后期加工性状，氮肥施用影响葡萄的发酵，果酒中酯的含量及果酒的质量都与植株中氮的含量有关，葡萄藤含氮量对葡萄酒中酒精含量有决定性影响，因此保持一定的施氮量对葡萄的发酵是必要的。

（四）磷与作物品质的关系

作物适量施用磷肥不仅能提高产量，而且还能改善品质。随着施磷量的增加，谷子粗蛋白质含量增加，粗脂肪降低；小麦施磷不仅能提高蛋白质含量，还能增加维生素B和赖氨酸、蛋氨酸、色氨酸等人体必需的氨基酸含量，并改善烘烤品质；玉米种子中油脂的含量及青饲料叶片中的含糖量因施磷而增加。施用磷肥能提高葡萄糖磷酸化酶的活性，有利于糖向淀粉转化，从而增加马铃薯、甘薯等薯类作物块茎、块根中的淀粉含量；烟草适量施用磷肥，其烟叶含糖量高、色泽好、香气足，磷素不足时，烟叶烤后显深棕色或青色，缺乏光泽，品质低劣；茶树施磷可促进碳、氮代谢，增加绿茶中氨基酸、红茶中茶多酚及水浸出物的含量，提高品质。

磷肥对水果品质的影响较为明显的是，施用磷肥可减少果汁含酸量，提高糖酸比。据报道，在缺磷的低丘红壤柑橘园施用骨粉、饼肥或磷肥，可使柑橘果实含糖量增加，而且在果实膨大期，新梢叶片的含磷量与果实含糖量呈明显正相关。番茄施磷能降低果实酸度、增加糖分，并增加谷氨酸含量，使其味道鲜美；胡萝卜施磷不仅能增加产量、改善品质，而且色泽鲜艳。

（五）钾与果品品质的关系

钾对维持细胞原生质的胶体系统和细胞液的缓冲系统起着重要作用，与碳水化合物的合成、专化、运输等有密切关系。钾充足时，有利于代谢作用，能促进枝条成熟，增强抗性，增大果个，促进着色，果实品质好，裂果少，耐贮藏。

缺钾时，树体内蛋白质解体，氨基酸含量增加，碳水化合物代谢受到干扰，光合作用受到抑制，叶绿素被破坏，叶缘焦枯，叶子皱缩。中度缺钾的树，会形成许多小花芽，结出小而着色差的果实；抗寒性和抗病性减弱，腐烂病加重发生。

钾过多会影响氮、钙等元素的吸收，削弱树枝，加重苹果苦痘病，使果肉松绵，耐贮性降低。在有缺钙生理病害的果区，钾肥过多，往往加重苹果水心病，降低果实贮藏性。

（六）镁与作物品质的关系

镁也是一个重要的品质元素。适量施用镁肥可提高产品质量。冬小麦千粒重、籽粒蛋白质和面筋的含量因供镁而增加；马铃薯施镁，既能提高块茎中的氨基酸和蛋白质含量，又能增加鲜薯坚固性，提高烘烤和切片质量；镁能使甘蔗含糖率和红麻单株干皮重及纤维拉力增加；镁还能促进甜菜植株由单糖合成蔗糖，并促进蔗糖由叶向块根运输，从而增加含糖量；油料作物花生施镁后，可增加脂肪含量；茶树施镁，有利于氨基酸的形成，因而能改善绿茶品质；香蕉、西瓜等施用镁肥，能增加糖、蛋白质、可溶性固形物和维生素C含量，增加风味。一般认为，当土壤中交换性镁低于60毫克/千克时，应增施镁肥。

（七）微量元素与作物品质的关系

微量元素与作物品质有密切的关系。以硼为例，油菜施硼，能提高籽粒中脂肪和氨基酸的含量，并降低芥酸和硫苷总量；施硼能提高花生籽仁中的蛋白质和粗脂肪、甜菜中的含糖量。硼可促进棉花植株体内碳水化合物运转和繁殖器官形成，因而可提高单株成铃数、单铃重和衣分含量，并可增加纤维长度、强度和整齐度；施硼可增加茶树的茶芽重量、茶叶中茶多酚和水浸物含量因施硼而提高，因此能提高红茶品质；柑橘喷硼后果大、皮薄、汁多、渣少、糖和维生素C含量增加，并能有效防止“石头果”；施硼能提高葡萄糖分含量，番茄、辣椒、黄瓜中的维生素C含量。

施用锌肥能提高水稻谷粒中蛋白质、碳水化合物含量，玉米谷粒中的氨基酸及桑树叶片中蛋白质和叶绿素的含量；苹果喷施锌肥后，能使叶片中被各种螯合物或复合物束缚的钙释放出来，并转移到果实中，从而减少苦痘病发生；葡萄施锌可增加单果重和含糖量；施锌还能提高番茄、辣椒、黄瓜中维生素C及豌豆、花椰菜、甘蓝中蛋白质的含量；芹菜施锌可降低叶柄中纤维素和提高叶柄中维生素C含量。

柑橘缺铁，果小、色黄、光泽度差。在缺铁蜜柑开花前喷施2次1%尿素铁，不仅提高产量和改善品质，而且果实中维生素C和糖分均有增加。

棉花施用锰、锌、钼肥，红麻施用锰、硼肥，不仅可以提高籽棉和原麻产量，而且可明显改善纤维品质；锰肥还能提高番茄、辣椒、菠菜中维生素C及花椰菜中蛋白质的含量；在低锰条件下，茶园施用锰肥能提高氨基酸含量，降低酚氨比值，从而改善绿茶品质。

铜是茶树抗坏血酸氧化酶的组分，参与茶叶发酵的全过程，若茶叶中含铜低于10毫克/千克，则发酵不充分，会影响红茶品质。

施钼能提高水稻和豆类作物籽粒中蛋白质含量；棉花施钼、硼，可提高纤维成熟度。茶叶氨基酸总量虽未因施钼而增加，但却提高了在绿茶品质中起重要作用的茶氨酸的含量。

（八）专用型复混肥料与专用型多功能复混肥料的区别

1. 专用型复混肥料

专用型复混肥料是指按一定地区的土壤类型，针对一种或一类作物专门配比的肥料。专用型复混肥料是在科学施肥的趋势下，由复混肥料进步而来。

复混肥料可分为通用型和专用型两种类型。常见的复混肥料为通用型复混肥料，虽然改变了种植者购置单一肥料需多次施肥的繁琐方法，但是没能做到根据作物对养分的需求特点和种植该作物的土壤供肥特性以及各养分形态相互作用而进行合理施肥，针对性差，肥料利用率低，肥效较低。专用型复混肥料中氮、磷、钾及中、微量元素的科学配比及合理的用量，是根据作物的营养特点和土壤性状等配制而成。如南方酸性水田和多雨地区的坡地，不适宜使用水溶性磷和硝态氮；虽然土壤磷素大多偏高，但因常发生物候影响而土壤供磷能力下降，专用肥中含有适量的磷，不能偏施氮、钾肥。同样，我国北方土壤中虽然含钾丰富，但也不能长期施用氮、磷肥及专用型复混肥料，还需针对某些地区、某种作物的需要配以中、微量元素和有益物质。例如，豆科作物大豆、豌豆、绿豆、花生等需加入钼，玉米加锌，水稻、玉米、小麦、甘蔗加硅，茶树、油菜加硫，果树加钙，棉花、甜菜、芹菜、萝卜、甘蓝等作物加硼，马铃薯、大豆、洋葱等作物加锰，高秆易倒伏作物加入硅酸盐等，对作物生长是有益的。在满足专用型复混肥料“专用”的情况下，尽量将其中氮、磷、钾等养分配成高浓度专用型复混肥料，以减少流通费用和施肥用工。

所以，专用型复混肥料可概括为按不同作物需要什么营养元素、需要多少，除了土壤和有机肥供给的以外，肥料中就配入该营养元素。所以，营养养分配比和用量合理，对作物及土壤针对性强。专用肥的专业性也不是很严格的，只要需肥特征类似的其他作物也可施用。

2. 专用型多功能复混肥料

专用型多功能复混肥料是指在专用复混肥料配方的基础上，经科学设计配伍，添加具有功能性的生物提取物和有益物质而组成的新型肥料。在产品中既消除了养分障碍因子，还使肥料兼有无公害农药的效果，同时简化了平衡施肥和植保技术。多功能专用肥料的推广应用是保证我国农业持续发展的一项重要措施，也是充分发挥有限的肥料资源效能的重要途径。

专用型多功能复混肥料是针对不同作物和不同类型土壤设计配方，选用有机活性物质和适量的化肥及天然活性物质相配伍，采用合理工艺加工生产。这种专用肥料具有针对性强、养分之间相互增益，比常规复混肥能提高 6%～16%的肥效，同时降低病虫害发生率。产品经研究、试验及应用证明，施用配方氮、磷、钾三大元素含量为 35%的产品，与相等价值的常规复混肥相比较，其增产效果高于氮、磷、钾三元素含量为 40%的复混肥，接近于氮、磷、钾三大元素含量为 45%的通用型复混肥。

3. 专用型复混肥料与高效农业

据报道，目前我国人口已达 13 亿，人均耕地仅有 1.425 亩①，对粮食的需求与日俱增。1996 年我国每亩耕地平均粮食产量仅为 163 千克。社会在发展，人口在持续增加，就现状和发展趋势来看，在我国以扩大耕地面积总量来增加粮食的潜力已十分有限，增加粮食的主要途径是提高单产。决定单产高低的因子很多，如土壤、肥料、水分、品种、管理及其他自然因素等，而其中能够人为控制和易于调

① 亩为非法定使用计量单位，15 亩＝1 公顷。

节并与产量呈直线相关的只有肥料因素。

我国粮食生产的状况是用占世界7%的耕地面积来养活占世界22%的人口，鉴于耕地与人口两大限制因素所决定，我国的农业只有走高效农业的道路，不断提高单位面积产量，在有限的耕地上获得较高的产量和较高的效益。

肥料被称为“粮食的粮食”，是因为谷物中的绝大部分营养元素都是由土壤养分和施入土壤的肥料提供的。肥料所提供的各种营养元素构成了粮食生产的物质基础，我国在过去几十年中粮食总产量与施肥量都是呈直线相关，达到极显著水平。据有关资料，1994年我国粮食播种面积为8 800万公顷，比印度少1 200万公顷，而我国的粮食总产则超过印度的1倍以上。究其原因，印度粮食生产的光、热、水、土等自然条件并不比我国差，稻麦等粮食作物也都选用了高产优质的良种，主要是因为我国的施肥量比印度高1倍以上。因此，合理地增加肥料投入量和科学施肥是加速粮食生产和整体农业发展的最有效措施之一。

有机肥和无机肥经过混配的复混肥料，当季难以被作物全部吸收利用，未被利用的养分尚留在土壤中，由此使得土壤肥力得到维持和提高。据报道，氮、磷、钾肥和有机肥共同施用的土壤，有机质含量提高最快，不施有机肥、只施氮、磷、钾等无机肥料的土壤，有机质含量增加很慢。同样，由于多年来钾肥用量不足，秸秆还田量减少，导致我国大面积缺钾，已成为影响粮食的增产限制因素之一。

提高肥料利用率是实现我国粮食安全保障和保护生态环境的重要举措，可通过进行肥料高效利用的研究、开发新型高效肥料、推广专用型复混肥料、推荐科学施肥等措施得以实现。

针对我国目前肥料利用现状和高效农业的发展需要，土壤学家和土壤肥料学专家认为，研制、生产和推广应用可控释放的新型长效氮肥和专用型复混肥，将是提高肥料利用率和防止因肥料过量施用导致对环境影响的一种新选择。因此，新型肥料的研制再次成为国内外土壤肥料科学研究的新热点。对土壤—肥料—植物系统中营养元素的运移、转化、吸收规律的研究，对倡导科学合理施肥和提高肥料效果起一定作用。但还有待于对土壤性质、肥料特征、植物需肥特性及复混肥料的科学配方和施用进行深入研究，为实现高效农业、提高肥料的高效利用提供科学依据。植物根际是土壤中生命活动最活跃的区域，并为土壤微生物生长提供了一个良好的微生态环境，有些微生物甚至与根系形成一种互惠的共生关系，例如根瘤菌能固氮，VA 菌根能增加植物根系对养分特别是磷的吸收等。植物根系和微生物组成一个双向影响的复杂的生态系统，加强对微生态系统的结构、功能的基础研究，将在理论与实践上为肥料高效利用、土壤培肥建立良好的粮食安全保障体系，实现高效农业作出重大的贡献。

4. 推广应用专用型复混肥的意义

专用型肥料是根据不同作物需肥特点、土壤特点和肥料特性等因素科学设计的配方肥料，是将有机、无机养分和生物制剂等有益养分经科学设计配方生产的新型肥料，其肥效及肥料利用率高，是科学施肥、配方施肥的新成果。专用型复混肥料分别适用于不同作物的生长特点，做到了对症下药，专肥专用。

肥料作为重要的农业生产资料，在农业生产中发挥着重要作用。合理配方施肥可提高粮食作物单产 40％～60％。

近年来，我国农业生产出现化肥用量大幅度增加，但肥料的利用率及肥料效应却大幅度下降的问题，其主要原因是化肥结构中的氮、磷、钾比例不合理或其他养分障碍因子增多、施肥不合理造成的。为此，应迅速发展作物专用型肥料，以简化平衡施肥技术，使专用型肥料能大范围推广应用。我国现代农业种植是粮、棉、油、糖、菜、果平衡发展的合理布局，作物专用肥料的使用更为迫切。作物专用肥料的推广施用，是保证我国农业可持续发展的一项重要措施，也是充分发挥有限的肥料资源效能的重要途径。

（九）专用型复混肥料的原理、产品特点和施用方法

1. 专用型复混肥料研究原理

专用型复混肥料是采用平衡施肥技术原理，根据作物的需肥规律和不同地区的投入肥力，借助于现代化复混肥生产设备和工艺技术，将作物所需的营养元素和特制的肥料添加剂有机结合起来，经造粒等工艺流程而制成的。当前，国际上化肥研究的发展趋势是从单质化肥向通用复合肥过渡，进而走向专用型复混肥料的道路。这些年来专用型复混肥料发展很快，对促进农业发展起到了显著的作用。

2. 专用型复混肥料的特点

（1）专用化，针对性强。专用型复混肥料一般都是根据不同作物的需肥特点和不同的投入类型及肥料性质等因素经科学研究配制而成的复混肥料，真正实现了专肥专用，效果当然显著。

（2）多元素组合，配比合理。专用型复混肥料一般都含有氮、磷、钾、钙、镁、硫、铁、硼、锌、锰、铜等多种营养元素，而且根据作物需要进行合理搭配，养分齐全，总养

分含量一般为30%～40%，肥料利用率高，肥效持久，能够满足作物对养分的需求，达到营养元素对作物的平衡供应，避免盲目施肥和肥料浪费。

（3）肥料利用率高，肥效持续长久。一般情况下，施用专用型复混肥料不会出现养分过多或太少而失去营养平衡，因此专用型复混肥料利用率是比较高的，比一般化肥利用率能提高10%～20%，专用型复混肥料中不仅含有速效性养分，还含有缓释性和迟效性养分，肥效比较持久。

（4）使用方法简便，易于操作。许多地方、企业为方便农民购买、运输和使用，一般按照每亩用量进行生产、包装，使用方便，肥料成本及施肥成本相对减少，经济效益较高。

（5）低投入，高产出。根据各地肥料试验及生产情况，一般施用专用型复混肥比常规施肥增加农作物产量10%以上，同时还可提高经济效益。

（6）保护生态环境，促进农业可持续发展。由于专用型复混肥料比一般肥料利用率高，因此可以减少化肥用量，降低肥料投入，减少施用化肥对环境所造成的污染，有利于保护生态环境，促进农业可持续发展。

3. 专用型复混肥料的施用方法

（1）施肥量。不同农作物由于品种不同及产量不同，在生产过程中对各种营养的需求量及需求比例也各不相同，因而不同农作物的施肥量是不同的，施肥量一般根据作物目标产量和投入肥力而确定。

（2）施肥时期。施肥时期一般应根据作物种类、需肥特点、土壤肥力、种植季节和肥料性质而定。专用型复混肥料与单质氮肥相比，由于配入了一定量的钾、磷养分，为了使磷、钾等养分特别是磷充分发挥作用，需要早期施用，因此专用型复混肥料一般用作基肥，也可设计成追肥。一年生作物可结合整地施肥，多年生作物多集中在冬春施用；如果用作追肥，需要早期施用。

（3）*施肥方法*。可采用与一般复混肥料相同的施肥方法。为了增加作物对肥料的吸收量和提高肥效，施肥过程中应特别重视施肥深度，施肥深度应与作物根系主要分布层一致，一般大田作物的根系主要分布在地面以下 20 厘米以内，施肥深度应在 10～20 厘米土层之间为宜，若能分层施肥，效果会更加显著。

五、作物的需肥特点与无公害施肥技术

（一）作物的需肥特点

施肥的目的是为作物创造良好的营养环境，从而获得优质、高产、高效益。肥料利用率的高低，一方面取决于作物的营养特性和需肥特性，另一方面也取决于外部条件，如在作物的营养临界期和最大效率期施肥，施肥的增产作用最大，经济效益较高；反之，在其他时期施肥，效果就偏低。因此，要合理施肥，就必须根据作物的营养特性及其生长发育的外界环境以及栽培技术等诸多因素综合考虑，才能发挥肥料增产的最大效益。

作物生长发育必须及时供应氮、磷、钾及必需的中、微量元素，但不同作物因遗传性所决定，对养分的吸收有很大差别。我国目前栽培的作物主要有：①粮食作物，主要包括谷类作物、豆类作物、薯芋类作物等；②经济作物，主要包

括纤维作物、油料作物、糖料作物等；③绿肥及饲料作物；④蔬菜类作物，主要包括叶菜类、根菜类、茄果菜类、瓜类及食用菌类等；⑤果树类作物。这些不同种类的植物需要的肥料也是不同的。如蔬菜类作物与大田粮食作物相比，具有根系较弱、生长快、生长期短而产量较高等特点，所以需要较多的养分，应施用速效与缓效兼备的肥料；果树类作物又与粮食作物或蔬菜类作物有所不同，它是多年生木本植物，具有生长周期长、个体大、根系发达、吸肥力强等特点，所以往往会使土壤中某些营养元素过度消耗，因此应适时重施基肥，肥料最好是专用肥或含有微量元素的无机—有机复混肥。为了使叶片在较长时间内保持绿色状态以维持其光合作用等功能，需要追施复混肥，并适时喷施叶面肥。

有些作物除具有作物营养的共性外，还具有其特殊性。如甘薯、马铃薯、甜菜、甘蔗、麻类、西瓜、香蕉、烟草需要充足的钾供应；油菜、棉花、甜菜需硼较多；大蒜、大葱、洋葱、白菜需硫较多；花生、西葫芦、番茄、青椒等蔬菜及苹果需钙较多；水稻、小麦等需硅较多；豆科作物能利用自身根瘤中的根瘤菌从空气中吸收氮，满足自身生长所需总氮的1/3左右，所以可少施或不施氮肥，但对磷、钾的需求量则较其他作物多，同时需钼较多。由此看来，不同作物的需肥特点是不一样的。表5中所列数字是一般的施肥量范围，对不同土壤及肥力尚需修正。施肥的基本目的是获得高产，因此施肥的根本依据首先就是要考虑作物的需肥特点。在一定范围内，作物产量随施肥量的增加而提高，所以一般可根据作物产量估算其对氮、磷、钾的需要量。以小麦为例，每1 000千克小麦籽实约需要吸收N 20～30千克、P_2O_5 1～4千克、K_2O 1.5～3.2千克，而每1 000千克秸秆约需要吸收 N 4 千克、P_2O_5 0.4 千克、K_2O 10 千克。一般小麦的籽粒与秸秆比为 1∶1.3。从小麦养分的吸收来看，其吸收比例以 N∶P_2O_5∶K_2O=5∶1∶4 为宜。其次，要考虑小麦的生长期较长，前期由于气温低、生长慢，所以基肥不能施用太多，氮肥必须分次施用。

表 5 几种作物对 N、P、K 的需求特点及参考数值

作物	需肥特点	养分需要量（千克/公顷）		
		N	P_2O_5	K_2O
柑橘	高氮、钾	100～200	35～45	50～160
棉花	高肥	100～180	20～60	50～80
花生	中肥、低氮	10～20	15～40	25～40
玉米	高氮	100～200	50～80	60～100
水稻	高氮	100～150	20～40	80～120
高粱	中肥、高氮	100～180	20～45	35～80
大豆	中肥、低氮	10～20	15～30	25～60
甜菜	高肥	150～180	50～70	100～160
甘蔗	高肥、高氮	100～200	20～90	126～160
烟草	高钾	40～80	30～90	50～110
小麦	高肥	100～150	35～45	25～40
南瓜	高肥	80～100	25～60	35～80

即使作物种类相同，因品种或品系不同对营养的吸收也有差异，施用相同种类的肥料，增产效果也不尽相同。例如杂交稻对土壤钾的吸收量比常规水稻约高 1 倍。此外，同一类作物由于生产目的不同，施肥方法也有所不同。作为粮食用的小麦，为了提高蛋白质含量，一般在籽粒灌浆前后酌情

追施氮肥；作为酿造啤酒用的大麦却不宜在灌浆前后追施氮肥，因为蛋白质含量过高不利于酿酒。

总之，各种作物需要的养分种类大致相同，但需要养分的特点是不相同的，因而了解不同作物在生育期中对养分需求的特点，有利于采取相应的施肥措施。此外，在选择复合肥品种时应选用专用型肥料，或者根据不同作物有不同需肥特点的规律进行选择，这对于提高作物产量、改善品质都具有重要的意义。在农业生产中，谷类等粮食作物施肥是以提高产量为目标，可以选用专用肥或氮磷复混肥料；豆科作物以选用专用肥或磷钾复混肥为主；经济作物（除油料和部分蔬菜品种外）对N、P、K养分的需求量以K＞N＞P，因为施钾肥不仅可以提高产量，更重要的是改善品质，如烟草施钾肥可以增加叶片的厚度，改善烟草的燃烧性和香味；果树和西瓜等多施钾可提高甜度；甘蔗、甜菜施高钾复混肥可以增加糖分，提高出糖率。

（二）作物的无公害施肥技术

作物的生育期长短不一，所需营养元素的种类、数量和比例在不同时期也不尽相同，因此在作物的不同生育时期施用肥料，其效果也不同。

1. 作物营养期施肥

作物从种子萌发，经营养生长、生殖生长到重新形成种子，其整个生活周期称为植物生长期。在生长期内，根据其生理变化及养分需要程度，又可分为若干具有不同特征的生育阶段。在这些阶段中，除前期种子本身的营养和后期根部吸收的营养停止外，在其他各个时期作物都要通过根系从土壤中吸收养分。作物吸收养分的整个过程称为作物的营养期。

作物的营养期可分为不同的营养阶段，在各个营养阶段，作物吸收养分的特点也不一样。作物生长初期，幼苗主要利用萌芽种子或块茎、块根中贮藏的养分，木本植物在初春是利用第一年积累在贮藏器官中的养分，从外界吸收的养分很少，随着幼苗逐渐生长，吸肥力逐渐增强，直到开花结实期，吸收养分的数量和吸收强度达最大值。作物生长后期，生长量减少，养分需求量明显下降，到成熟期即停止吸收养分，主要靠以前所积累的营养物。作物生长末期，根部还有可能出现养分外溢现象。虽然各种作物吸收养分的具体数量不同，但是不同生育期对养分的吸收状况与其生长速度及物质积累的趋势是一致的。此外，作物在不同营养阶段中需要养分的种类也不同，例如冬小麦越冬前吸收的养分以氮为主，磷次之，钾最少，吸收的总量较少；越冬后，植株开始迅速生长，对养分的吸收量急剧增加，其中对磷、钾的吸收比氮更为突出。

作物吸收养分有一个总的趋势，但不同作物在各生育期需要大量元素及中、微量元素的种类、数量和比例是不相同的，而且对养分的吸收高峰也有差异。因此，了解各种作物营养期间对养分的需求特点，有利于确定施肥种类、比例及时间，做到合理施肥。

在作物营养期中，对养分的需求有两个极其重要的时期，一个是作物营养临界期，另一个是作物营养最大效率期，在生产中如能及时满足作物在这两个关键时期对养分的需求，就能使作物产量显著提高。

2. 作物营养临界期施肥

作物营养临界期是指营养元素过多或过少、营养元素之间比例不平衡而对植物生长发育产生明显影响的一段时期。在这段时期，植物对养分需求量虽然在绝对数量上并不多，但要求很迫切，某些养分缺少或过多都会明显抑制作物的正常生长，即使以后再供给这种养分或采取其他补救措施，也难以纠正或弥补损失。大多数作物的营养临界期都出现在生长初期或生长发育的转折时期。如种子萌发到出苗初期主要依靠种子中贮藏的营养，当这些营养消耗殆尽，开始依靠根系吸收营养时，这个由靠种子供应营养转变为依靠根系吸收营养的转变时期，就是作物营养的一个临界期。所以，苗期是施用速效化肥的重要时期。

不同养分临界期的出现并不完全相同。一般认为，磷素营养多在幼苗期，棉花在二、三叶期，玉米在三叶期，小麦和水稻在分蘖初期，因为此时大部分幼根在土壤表层，尚未伸展，吸收养分能力差。而土壤溶液中磷的浓度很低，移动性也小，所以幼苗期容易表现出缺磷，出现“小老苗”现象。若用少量磷肥作种肥，常能获得良好的增产效果。作物氮营养临界期一般比磷营养临界期稍晚一些，往往是在营养生长开始转向生殖生长的时间。水稻在三叶期和幼穗分化期，小麦在分蘖和幼穗分化期，此时如缺氮则表现为分蘖少、花数少、产量低，即使以后多施氮肥，也只能增加茎叶质量，提高千粒重，不能增加穗粒数。相反，如果在氮营养临界期后再过多追施氮肥，会造成无效分蘖增加，甚至倒伏而减产。棉花氮营养临界期为现蕾初期，这时缺氮便会影响现蕾速度，以致蕾少且易脱落，明显影响开花，结铃减少，导致产量不高。钾在作物体内呈离子（K^+）存在，移动性强，可被再利用，因此一般不易判断钾的营养临界期。据报道，水稻的钾营养临界期可能在分蘖和幼穗形成期，它们是通过植株器官钾的含量和产量之间的关系来判断的。

3. 作物营养最大效率期施肥

作物营养最大效率期是指作物需要养分最多，而且施肥能获得最大效应的时期。此时期一般出现在作物生长发育的旺盛期。这个时期根系吸收养分的能力最强，植株生长迅速，生长量大，需肥量最多，因此为使作物高产，应及时补充养分。各种作物的营养最大效率期并不一致。如甘薯在生长初期氮肥营养效果好，而块根膨大时，则磷、钾的效果最好。油菜的氮素最大效率期在开花期，因此应重视花期肥。棉花氮、磷营养最大效率期均在花铃期。玉米氮肥最大效率期在喇叭口至抽穗初期。小麦氮肥最大效率期在拔节至抽穗期。

总之，营养临界期和最大效率期均是施肥的关键时期，也是作物营养的关键时期，保证这两个时期有足够的养分供应，对提高作物产量和品质具有重要作用。虽然作物营养有阶段性和关键时期，但植物前一阶段的营养特性必然会影响到后一阶段的营养特性。任何一种作物，除了在吸收养分的关键时期应充分满足各种所需养分外，在各个生育阶段中也必须适当供给作物正常生长所需的养分。不注意作物吸收养分的连续性，在关键时期所施的肥料也不能充分发挥肥效，使作物的生长和产量也受到影响。因此，在施肥实践中，应施足基肥，重视种肥，适时追肥，发挥各种肥料的关联效应，才能为作物生长发育创造良好的营养条件，这是获得优质高产的重要施肥措施。

（三）作物施肥量的估算

一般来说，正确估算作物施肥量，要根据目标产量所需要的养分量、土壤供肥能力和各种肥料的利用率等因素综合计算。

作物亩施肥量计算公式：

$$\text{作物施肥量（千克）}=\frac{\text{计划亩产量所需养分量（千克）}-\text{每亩土壤供肥量（千克）}}{\text{肥料中养分含量（\%）}\times\text{肥料利用率（\%）}}$$

举例：计划亩产水稻500千克，需要施用尿素多少千克？

$$\text{尿素亩施用量（千克）}=\frac{500\times2.25\div100-6.75}{46\%\times45\%}$$

式中，2.25为每百千克稻谷所需纯N量，6.75为土壤能供给的N量，46%为尿素含N量，45%为尿素利用率。

利用这个公式计算施肥量较为正确。各种作物每生产百千克产量所需要的养分量一般是可以查到的，但是在利用时还是有些困难，如土壤供肥量的确定要经过田间试验后才能取得，农民没有条件，难以操作和掌握。

下面介绍土壤供肥量和肥料利用率计算的例子，作为应用时参考。

如水稻三要素肥效试验，设几个不同施肥量水平，然后分别将不同处理的产量折算成每亩产量，再分别求出土壤氮、磷、钾的供肥能力。试验结果如下（千克）：

不施肥区	无氮肥区	无磷肥区	无钾肥区	氮、磷、钾肥区
280	300	380	350	400

根据上面试验结果，便可以计算出土壤中氮、磷、钾的供应量：

$$\text{土壤供氮量}=\frac{300}{100}\times2.25=6.75\text{（千克）}$$

$$土壤供磷量=\frac{380}{100}\times1.25=4.75（千克）$$

$$土壤供钾量=\frac{350}{100}\times3.13=10.95（千克）$$

式中，2.25、1.25、3.13 为作物生产每百千克产量所需的氮、磷、钾量（以纯养分计）。

如果不可能作试验时，也可根据无肥区（既不施任何肥料）的产量，粗略计算土壤供肥量。

如全肥区（指施氮、磷、钾区）中亩施氮量 5 千克，氮肥利用率的计算公式如下：

$$氮肥利用率=\frac{(400-300)\times2.25\div100}{5}\times100\%=45\%$$

即氮肥利用率为 45%。

磷、钾肥利用率也可以用此公式计算。但要注意，每生产百千克产量所需的磷、钾量（纯养分）是不同的，施用磷、钾量也不同。经过多年试验结果，氮、磷、钾肥利用率分别为 30%～50%、10%～15%、40%～70%。可以在此范围内选择使用。

根据全国化肥试验网试验结果，现将各种作物氮、磷、钾三要素每亩用量和肥效列于表 6，供使用时参考。

表 6　不同作物的氮、磷、钾用量和肥效（千克）

作　物	氮（N）		磷（P_2O_5）		钾（K_2O）	
	亩用量	千克肥增产	亩用量	千克肥增产	亩用量	千克肥增产
水　稻	8.4	9.10±0.20	3.9	4.70±0.16	5.8	4.90±0.16
小　麦	7.9	10.00±0.17	6.4	8.10±0.16	5.7	2.1±0.23
玉　米	8.3	13.40±0.41	5.6	9.70±0.30	6.5	1.60±0.67
高　粱	7.3	8.40±0.39	6.2	6.40±0.25	6.2	2.90±0.45

（续）

作物	氮（N）		磷（P_2O_5）		钾（K_2O）	
	亩用量	千克肥增产	亩用量	千克肥增产	亩用量	千克肥增产
谷子	5.6	5.70±0.16	4.0	4.30±0.14	5.0	1.00±0.10
青稞	4.5	9.40±0.14	3.0	4.70±0.76	1.5	1.40±0.70
棉花	11.3	1.20±0.12	6.6	0.68±0.05	9.0	0.95±0.08
大豆	7.8	4.30±0.42	6.3	2.70±0.69	8.0	1.50±0.07
油菜籽	10.6	4.00±0.45	4.4	6.30±0.83	5.7	0.63±0.08
花生	5.7	6.30±0.91	7.3	2.50±0.35	8.5	2.30±0.43
甜菜	7.4	41.50±0.80	6.3	47.70±5.80	6.5	17.90±0.70
胡麻	4.2	2.10±0.20	4.2	1.90±0.16	—	—
茶叶	12.5	8.30±1.03	8.0	5.30±1.30	7.5	5.80±1.40
马铃薯	2.2	58.10±15.00	4.0	33.20±6.90	6.0	10.30±5.00
甘蔗(茎)	7.0	150～160	3.0	75～85	6.0	90～95
大白菜	11.7	78～100	4.6	114～120	6.0	80～100

注：表中亩用量为纯养分，使用时要折算成化肥实物量。此表只作参考，使用时要根据当地土壤、作物等物候条件估算施肥量。

(四) 主要南方果树缺素症状

1. 柑橘

(1) 缺氮。新梢生长缓慢，老叶发黄，部分叶片先形成不规则绿色和黄色的杂色斑块，最后全叶发黄而脱落；花少而小，落花落果多。

(2) 缺磷。枝条细弱，叶片失去光泽，呈暗绿色，老叶出现枯斑或褐斑。严重时下部老叶趋向紫红色，新梢停止生长。果实畸形，空心，皮厚而粗糙，使得果实比正常的大。

(3) 缺钾。老叶叶尖和叶缘开始黄化，随后向下扩展，叶片稍卷缩，呈畸形；新梢生长短小细弱；落花落果严重。

（4）缺钙。先是春叶尖端黄化，随后扩大到叶缘，病叶的叶幅比健全叶窄，呈狭长畸形，黄化病叶提前脱落，树冠上部常出现落叶、枯枝。患黄化症的树生理落叶、落果严重，坐果率很低。

（5）缺镁。果实附近的结果母枝或结果枝叶上容易见到缺乏症状，而附近的营养枝则不易发现缺乏症。病叶的叶身部位先黄化，多呈肋骨状。叶片尖端和叶基部常保持较久的绿色，呈倒三角形。

（6）缺硫。新叶全部发黄，随后枝梢也发黄，叶片变小，病叶提前脱落，而老叶仍保持绿色，形成明显的对比。在一般情况下，患病叶主脉较其他部位稍黄，尤以主脉基部和翼叶部位更黄，并易脱落，抽生的新梢纤细，多呈丛生状。

（7）缺铁。幼嫩新梢叶先发黄，叶脉仍然保持绿色，脉纹清晰可见。随着缺铁程度的加深，叶片除主脉绿色外，其他部位均褪色，变为黄色或白色，严重时仅主脉基部保持绿色，其余全部变黄，叶面失去光泽，叶片皱缩，边缘变褐并破裂，提前脱落。树上的老叶则仍保持绿色。

（8）缺锰。叶肉变成淡绿色，仅叶脉保持绿色，即在淡绿色的底叶上显出绿色网状叶脉。症状从新叶开始发生，新、老叶片均能显现症状。

（9）缺铜。新梢生长曲折畸形，呈S形，叶片特别大，叶形不规则，主脉扭曲。严重时，叶和枝的尖端枯死，年轻枝的树皮上产生水疱，疱内积满褐色橡胶状物质，最后病枝枯死。

（10）缺锌。抽生的新叶，随着老熟，叶脉间出现黄色斑点，逐渐形成肋骨状鲜明的黄色斑驳，严重时新生叶变小、抽生的枝梢节间缩短、叶丛生，果实变小。一般树的向阳部位较荫蔽部位发病重。

（11）缺钼。老枝中下部叶面出现淡橙黄色圆形或椭圆形黄斑，叶背面斑点显棕褐色，病叶向正面卷曲形成杯状或筒状（称抱合症），严重时黄化脱落。抽生的新叶变薄。黄斑背面出现流胶，并变成黑褐色，叶缘枯焦坏死，果皮上有时出现呈黄晕圈的不规则褐链。

2. 荔枝

（1）缺氮。叶片小，叶色黄，叶缘微卷，新叶及老叶易脱落，根系小，树热弱。

（2）缺磷。叶色暗绿，严重时叶尖和叶缘出现棕褐色，边缘有枯斑，并向主脉扩展。

（3）缺钾。叶片大小与正常时差异不大，但颜色稍淡，叶尖端灰白、枯焦，边缘呈棕褐色，逐渐沿小叶边缘向小叶基部扩展。

（4）缺钙。叶片变小，沿小叶边缘出现枯斑，造成叶缘弯曲，根系生长不良、量少，严重时新梢抽生后即大量落叶。

（5）缺镁。叶片明显变小，中脉两旁出现几乎呈平行分布的细小枯斑，严重时枯斑增大，并连成斑块。

（6）缺硫。新叶失绿黄化，严重时产生枯梢，果实小而畸形、色淡、皮厚、汁少。

（7）缺铁。新叶失绿（漂白）。同一枝梢上叶的症状自上而下加重；叶脉绿色，且与叶肉界限清晰呈网状花纹。

（8）缺锰。新叶的脉间失绿，呈淡黄绿色，严重时为苍白色；但叶脉仍为绿色或暗绿色，有时呈褐斑；叶片变薄，

养分平衡供应，满足作物丰产的需要。

配方施肥技术包括确定施肥量与养分配比，选择适宜的施肥时期、施肥方法和施肥位置等。配方施肥技术的核心是确定肥料用量及养分配方。

配方施肥技术不但要重视测土、配方、施肥技术指导等环节的公益性，还应考虑配方生产、供应等环节的经营性，建立以政府为主导的科研、推广、生产、使用的科学施肥体系。

确定经济施肥量是当前施肥技术的中心问题，也是配方施肥决策的一项重要内容。如果施肥量确定不合理，浪费肥料或减产将是不可避免的。

基于田块的肥料配方设计，首先要确定氮、磷、钾养分的用量，然后确定相应的肥料组合。肥料用量的确定方法，主要包括土壤与植株测试推荐施肥方法、肥料效应函数法、土壤养分丰缺指标法和养分平衡法。可以一种方法为主，参考其他方法，配合起来运用，这样可以吸收各种方法的优点，在生产前能确定更符合实际的肥料用量。基于田块的专用肥料配方设计，是农民针对各自田块特点施肥的基础，也是各级农业技术推广单位及肥料生产及经销单位对农户施肥具体指导的基础。有关部门及生产者可结合具体条件灵活选择应用。

在土壤采样与土壤测试的基础上，综合考虑行政区划、土壤类型、土壤质地、气象资料、种植结构、作物需肥规律等因素，借助信息技术生成区域性土壤养分空间变异图和区域施肥分区，优化设计不同区域的肥料配方，由肥料生产企业进行生产，有了“配方肥”需将其付诸于实施。再由农业技术人员和肥料经销人员根据区域内不同田块的养分状况和目标产量依据“大配方、小调整”的原则进行具体的施肥推荐，从而获得最大的经济效益。

（二）测土配方施肥的技术环节

测土配方施肥是一项科学性、应用性很强的农业生产科学技术，可达到五个方面的目标：①增产目标，即通过测土配方施肥措施使作物单产水平在原有基础上提高，在当前生产条件下能最大限度地发挥作物的生产潜能；②优质目标，即通过测土配方施肥均衡作物营养，使作物在农产品质量上得到改善；③高效目标，即做到合理施肥、养分配比科学，提高肥料利用率，降低生产成本，增加施肥效益；④生态目标，即通过测土配方施肥，减少肥料对地下水硝酸盐的积累和面源污染，从而保护农业生态环境；⑤改土目标，即通过有机肥和化肥的配合施用，实现耕地养分投入产出平衡，在逐年提高单产的同时，使土壤肥力得到不断提高，达到培肥土壤、提高耕地综合生产能力的目的。

测土配方施肥是以土壤测试和肥料田间试验为基础，根据作物需肥规律、土壤供肥性能和肥料效应，在合理施用有机肥料的基础上，提出氮、磷、钾及中、微量元素等肥料的施用数量、施肥时期和施用方法。

正确认识测土配方施肥技术环节，对于推进测土配方施肥工作具有积极的作用。测土配方施肥技术包括“测土、配方、配肥、供应、施肥指导”五个核心环节九项重点内容。

1. 田间试验

田间试验是获得各种作物最佳施肥量、施肥时期、施肥方法的根本途径，也是筛选、验证土壤养分测试技术、建立施肥指标体系的基本环节。通过田间试验，掌握各个施肥单元不同作物优化施肥量，基肥、追肥分配比例，施肥时期和施肥方法；摸清土壤养分校正系数、土壤供肥量、农作物需肥参数和肥料利用率等基本参数；构建作物施肥模型，为施肥分区和肥料配方提供依据。

2. 土壤测试

土壤测试是制定肥料配方的重要依据之一，随着我国种植业结构不断调整，高产作物品种不断涌现，施肥结构和数量发生了很大的变化，土壤养分库也发生了明显改变。通过开展土壤氮、磷、钾及中、微量元素养分测试，了解土壤供肥力状况。

3. 配方设计

肥料配方设计是测土配方施肥工作的核心。通过总结田间试验、土壤养分数据等，划分不同区域施肥分区；同时，根据气候、地貌、土壤、耕作制度等相似性和差异性，结合专家的经验，提出不同作物的施肥配方。

4. 校正试验

为保证肥料配方的准确性，最大限度地减少配方肥料批量生产和大面积应用的风险，在每个施肥分区单元设置配方施肥、农户习惯施肥、空白施肥 3 个处理，以当地主要作物及其主栽品种为研究对象，对比配方施肥的增产效果，校验施肥参数，验证并完善肥料施用配方，改进测土配方施肥技术参数。

5. 配方加工

配方落实到农户田间，是提高和普及测土配方施肥技术的最关键环节。目前不同地区有不同的模式，其中最主要的也是最具有市场前景的运作模式就是市场化运作、工厂化加工、网络化经营。这种模式适应我国农村和农民科技水平低、土地经营规模小、技物分离的现状。

6. 示范推广

为促进测土配方施肥技术能够落实到田间地点，既要解决测土配方施肥技术市场化运作难题，又要让广大农民亲眼看到实际效果，这是限制测土配方施肥技术推广的“瓶颈”。建立测土配方施肥示范区，为农民创建窗口，树立样板，全面展示测土配方施肥技术效果。将测土配方施肥技术物化成产品，打破技术推广“最后一公里”的“坚冰”。

7. 宣传培训

测土配方施肥技术宣传培训，是提高农民科学施肥意识、普及技术的重要手段。农民是测土配方施肥技术的最终使用者，迫切需要向农民传授科学施肥方法和模式；同时还要加强对各级技术人员、肥料生产企业、肥料经销商的系统培训，逐步建立技术人员和肥料经销持证上岗制度。

8. 效果评价

农民是测土配方施肥技术的最终执行者和落实者，也是最终受益者。检验测土配方施肥的实际效果，及时获得农民的反馈信息，不断完善管理体系、技术体系和服务体系。同时，为科学地评价测土配方施肥的实际效果，必须对一定的区域进行动态调查。

9. 技术创新

技术创新是保证测土配方施肥工作长效性的科技支撑。重点开展田间试验方法、土壤养分测试技术、肥料配制方法、数据处理方法等方面的创新研究工作，不断提升测土配方施肥技术水平。

（三）土壤、植株测试推荐施肥方法

该技术综合了目标产量法、养分丰缺指标法和作物营养

诊断法的优点。对于大田作物，在综合考虑有机肥、作物秸秆应用和管理措施的基础上，根据氮、磷、钾和中微量元素养分的不同特征，采取不同的养分优化调控与管理策略。其中，氮素推荐根据土壤供氮状况和作物需氮量，进行实时动态监测和精确调控，包括基肥和追肥的调控；磷、钾肥通过土壤测试和养分平衡进行监控；中微量元素采用“因缺补缺”的矫正施肥策略。该技术包括氮素实时监控，磷、钾养分恒量监控和中微量元素养分矫正施肥技术。

1. 氮素实时监控施肥技术

根据目标产量确定作物需氮量，以需氮量的30%～60%作为基肥用量。具体基施比例根据土壤全氮含量，同时参照当地丰缺指标来确定，一般在全氮含量偏低时，采用需氮量的50%～60%作为基肥，在全氮含量居中时，采用需氮量的40%～50%作为基肥，在全氮含量偏高时，采用需氮量的30%～40%作为基肥。30%～60%基肥比例可根据上述方法确定，并通过田间试验进行校验，建立当地不同作物的施肥指标体系。有条件的地区可在播种前对0～20厘米土壤无机氮（或硝态氮）进行监控，调节基肥用量。

$$\text{基肥亩用量（千克）}=\frac{\frac{\text{目标产量}}{\text{需氮量}}-\text{土壤无机氮}\times(30\%\sim60\%)}{\text{肥料中氮养分含量}\times\text{肥料当季利用率}}$$

式中，土壤无机氮（千克）＝土壤无机氮测试值（毫克/千克）×0.15×校正系数。

氮肥追肥用量推荐以作物关键生育期的营养状况诊断或土壤硝态氮的测试为依据，这是实现氮肥准确推荐的关键环节，也是控制过量施氮或施氮不足、提高氮肥利用率和减少损失的重要措施。测试项目主要是土壤全氮含量、土壤硝态氮含量或小麦拔节期茎基部硝酸盐浓度、玉米最新展开叶叶脉中部硝酸盐浓度，水稻则采用叶色卡或叶绿素仪进行叶色诊断。

2. 磷、钾养分恒量监控施肥技术

根据土壤有（速）效磷、钾含量水平，以土壤有（速）效磷、钾养分不成为实现目标产量的限制因子为前提，通过土壤测试和养分平衡监控，使土壤有（速）效磷、钾含量保持在一定范围内。对于磷肥，基本思路是根据土壤有效磷测试结果和养分丰缺指标进行分级，当有效磷水平处在中等偏上时，可以将目标产量需要量（只包括带出田块的收获物）的100%～110%作为当季磷用量；随着有效磷含量的增加，需要减少磷用量，直至不施；随着有效磷的降低，需要适当增加磷用量，在极缺磷的土壤上，可以施到需要量的150%～200%。在2～4年后再次测土时，根据土壤有效磷和产量的变化再对磷肥用量进行调整。钾肥首先需要确定施用是否有效，再参照上面方法确定用量，但需要考虑有机肥和秸秆还田带入的钾量。一般大田作物磷、钾肥料全部做基肥。

3. 中微量元素养分矫正施肥技术

中、微量元素养分的含量变幅大，作物对其需要量也各不相同。这主要与土壤特性（尤其是母质）、作物种类和产量水平等有关。通过土壤测试，评价土壤中、微量元素养分的丰缺状况，进行有针对性的因缺补缺的矫正施肥。

（四）养分平衡法

通过一种养分的定量，然后按各种养分之间的比例关系来决定其他养分的肥料用量，例如以氮定磷、定钾，以磷定氮等。

通过田间试验得出氮、磷、钾的最适用量，然后计算出三者之间的比例关系，这样就可确定其中一种养分的定量，再按各种养分之间的比例关系，来决定其他养分的肥料用量。这种方法称为氮、磷、钾比例法。利用此法，根据不同土壤类型和肥力水平，可以制定出氮、磷、钾适宜配方表，使农民易于掌握应用。

这种方法的优点是减少了工作量，也易为群众所掌握，推广起来比较方便迅速。缺点是存在地区和时效的局限性。因此，要针对不同作物和不同土壤，必须预先做好田间试验，对不同土壤条件和不同作物相应作出符合客观要求的肥料氮、磷、钾比例。特别要注意的是，不要把作物吸收氮、磷、钾的比例与作物应施氮、磷、钾肥料的比例混淆起来，否则确定的施肥量就不正确。

［例 1］ 某县试验得出早稻施用氮、磷、钾肥料的适宜比例为 1∶0.47∶0.66。问目标产量 500 千克时需施氮、磷、钾的化肥各是多少？（根据试验结果，每生产 100 千克早稻稻谷要吸收 1.8 千克 N）

用氮、磷、钾比例法计算施肥量，可以氮定磷、钾，也可以磷、钾定氮。

一是以氮定磷、钾。先用养分平衡法把应施的氮量确定下来，然后按比例换算成磷、钾肥用量。应施氮素为：$N=500\times0.018=9$（千克），折合尿素 19.6（千克）。

根据施肥比例，磷、钾肥用量分别为：$P_2O_5=9\times0.47=4.23$（千克），折合过磷酸钙（含 P_2O_5 16%）为 26.4（千克）；$K_2O=9\times0.66=5.94$（千克），折合硫酸钾（含 K_2O 48.5%）为 12.2（千克）。

二是以磷定氮。先用田间试验法或丰缺指标法把磷肥用量确定下来，然后按比例求氮肥或钾肥用量。

［**例 2**］测得土壤有效磷含量 10 毫克/千克，可施 P_2O_5 3 千克，应施多少含氮 17%的碳酸氢铵？应施多少含 K_2O 48.5%的硫酸钾？

根据上述比例关系，1 千克 P_2O_5 应配施 1/0.47 千克氮素，1 千克 P_2O_5 应配施 0.66/0.47 千克钾素，则应施碳酸氢铵 3×（1/0.47）÷17%=37.5（千克），应施硫酸钾 3×（0.66/0.47）÷48.5%=8.7（千克）。

（五）配方肥料的合理施用

在养分需求与供应平衡的基础上，坚持有机肥料与无机肥料相结合；坚持大量元素与中量元素、微量元素相结合；坚持基肥与追肥相结合；坚持施肥与其他措施相结合。在确定了肥料用量和肥料配方后，配方施肥的重点是选择肥料种类、确定施肥时期和施肥方法等。

1. 配方肥料种类

根据土壤性状、肥料特性、作物营养特性、肥料资源等综合因素确定肥料种类，可选用单质或复混肥料自行配制配方肥料，也可直接购买配方肥料。

2. 施肥时期

根据肥料性质和植物营养特性，适时施肥。植物生长旺盛和吸收养分的关键时期应重点施肥，有灌溉条件的地区应分期施肥。对作物不同时期的氮肥推荐量的确定，有条件区域应建立并采用实时监控技术。

3. 施肥方法

常用的施肥方式有撒施后耕翻、条施、穴施等方法。应根据作物种类、栽培方式、肥料性质等选择适宜施肥方法。例如，氮肥应深施覆土，施肥后灌水量不能大，否则造成氮素淋洗损失；水溶性磷肥应集中施用，难溶性磷肥应分层施用或与有机肥料堆沤后撒施；有机肥料经腐熟后撒施，并深翻入土。

4. 施肥数量

对于分区配方的地区，要根据每一特定分区，在确定肥料种类之后，利用上述基于田块的肥料配方设计中肥料用量的推荐方法，确定该区肥料的推荐用量。对于田块配方的地区，在进行田块配方的同时就确定了肥料推荐用量，无需重新确定施肥数量。

七、专用型复混肥料的主要原料

（一）大量元素养分

1. 硫酸铵

硫酸铵［$(NH_4)_2SO_4$，含 N 20%～21%］，简称硫铵，俗称肥田肥，是我国使用和生产最早的一个氮肥品种。硫酸铵产品一般为白色结晶，副产品或混有杂质时呈微黄或灰色，物理性质稳定，分解温度高（≥280℃），不易吸湿，临界吸湿点为相对湿度 81%（20℃），易溶于水。硫酸铵质量标准见表 7。

2. 尿素

尿素［$CO(NH_2)_2$，含 N 46%］，学名碳酰二胺，是人工合成的第一个有机物（德国 Whler，1982）。尿素产品有 2 种剂型：结晶尿素呈白色针状或棱柱状晶形，吸湿性

表 7 硫酸铵质量标准（GB 535-1995）

指标名称		指标（%）		
		优等品	一等品	合格品
外观		白色结晶，无可见机械杂质	无可见机械杂质	
氮（N）含量（以干基计）	≥	21.0	21.0	20.5
水分	≤	0.2	0.3	1.0
游离酸（H_2SO_4）含量	≤	0.03	0.05	0.20
铁（Fe）含量	≤	0.007	—	—
砷（As）含量	≤	0.000 05	—	—
重金属（以 Pb 计）含量	≤	0.005	—	—
水不溶物含量	≤	0.01	—	—

注：硫酸铵作农业用时可不检验铁、砷、重金属和水不溶物等指标。

强；粒状尿素一般分两组，由造粒塔生产的称小粒尿素，为粒径 1～2 毫米的半透明粒子，外观光洁，吸湿性有明显改善。由成粒器（转盘、转鼓等）生产的尿素，粒径为 2～10 毫米，其中 2～4 毫米的大颗粒尿素最适合于用作散装掺和肥料的基础肥料，大于 4 毫米的颗粒尿素主要用于森林等木本作物。尿素在 20℃时临界吸湿点为相对湿度 80%。尿素易溶于水和液氨中，也能溶于醇类，稍溶于乙醚及酯。尿素能与酸或盐相互作用，生成盐和络合物。尿素与硫酸铵、磷酸铵、氯化铵和硫酸钾有良好的混配性能；与过磷酸钙混配会引起加成反应，产生游离水，因此只能进行有限混配；尿素与过磷酸钙不应在同一掺和肥料中使用。尿素或含有尿素的复合肥料与硝酸铵或含有硝酸铵的复合肥料是绝对不能掺混的，因为这样得到的固体掺和料极易潮湿。尿素硝酸铵溶液在液体复混肥料中的使用很普遍。尿素质量标准见表 8。

表 8 尿素质量标准（GB 2440－2001）

指标名称		工业用（%）			农业用（%）		
		优等品	一等品	合格品	优等品	一等品	合格品
总氮（N，以干基计）	≥	46.5	46.3	46.3	46.4	46.2	46.0
缩二脲	≤	0.5	0.9	1.0	0.9	1.0	1.5
水分	≤	0.3	0.5	0.7	0.4	0.5	1.0
铁（以 Fe 计）	≤	0.000 5	0.000 5	0.001 0	—	—	—
碱度（以 NH_3 计）	≤	0.01	0.02	0.03	—	—	—
硫酸盐（以 SO_4^{2-} 计）	≤	0.005	0.010	0.020	—	—	—
水不溶物	≤	0.005	0.010	0.040	—	—	—
亚甲基二脲（以 HCHO 计）	≤	—	—	—	0.6	0.6	0.6
粒度 直径 0.85～2.80 毫米	≥	90	90	90	93	90	90
粒度 直径 1.18～3.35 毫米	≥						
粒度 直径 2.00～4.75 毫米	≥						
粒度 直径 4.00～8.00 毫米	≥						

注：1. 若尿素生产工艺中不加甲醛，可不做亚甲基二脲含量的测定。

2. 指标中粒度项只需符合四档中任一档即可，包装标识中应标明。

3. 硝酸铵

硝酸铵（NH_4NO_3，含 N 33%～35%），简称硝铵，是一个重要的氮肥品种。硝酸铵纯品为白色斜方晶体，极易溶于水，20℃时溶解度为 65.2%。硝酸铵易吸湿，贮运中存在燃爆危险。硝酸铵的临界吸湿点为 63.3%（20℃），明显低于其他氮肥。肥料级硝酸铵一般为淡黄色粒状，密封包装，贮存时避免与易燃物、氧化剂等接触，运输中作危险品处理，使用前如遇结块，不能撞击，而宜将其溶解。结晶状硝酸铵质量标准见表 9，颗粒状硝酸铵质量标准见表 10。

表 9　结晶状硝酸铵质量标准（GB 2945－89）

指标名称		指标（%）				
		工业		农业		
		优等品	一等品	优等品	一等品	合格品
硝酸铵含量（以干基计）	≥	99.5		—		
总氮含量（以干基计）	≥	—		34.6		
游离水含量	≤	0.3	0.5	0.3	0.5	0.7
酸度		甲基橙指示剂不显红色				
燃烧残渣	≤	0.05		—		

注：游离水含量以出厂检验为准，下同。

表 10　颗粒状硝酸铵质量标准（GB 2945－89）

指标名称		指标（%）					
		工业			农业		
		优等品	一等品	合格品	优等品	一等品	合格品
外观		无肉眼可见的杂质					
硝酸铵含量（以干基计）	≥	99.5			—		
总氮含量（以干基计）	≥	—			34.4	34.0	
游离水含量	≤	0.6		1.2	0.6	1.0	1.5
10%硝酸铵水溶液 pH	≥	5.0	4.0		5.0	4.0	
10%硝酸铵中不溶物含量	≤	0.2			—		
防结块添加物（以氧化钙计的硝酸镁和硝酸钙的含量）		0.2			0.2～0.5	—	
颗粒平均抗压强度（N/颗粒）	≥	5			5		
粒度（1.0～2.8 毫米颗粒）	≥	85			85		
松散度	≥	—			80	50	—

注：允许加入新的防结块添加物，但该添加物必须经全国肥料及土壤调理剂标准化技术委员会认可。

4. 碳酸氢铵

碳酸氢铵（NH_4HCO_3，含 N 17%），简称碳铵，是一种无色或浅色化合物，呈粒状、板状或柱状细结晶，密度 1.57 克/厘米^3，容重 0.75 克/厘米^3，易溶于水。碳酸氢铵是酸式碳酸盐。由重碳酸根与氨结合的碳酸氢铵分子极不稳定，即使在常温（20℃）下也很易分解。碳酸氢铵除易分解挥发外，其含氮量低，只及尿素的 37%和硫酸铵的 81%，增加贮运量 0.2～1.7 倍，且因怕“热”而难以作为二次加工生产复混肥的主要氮源。农业用碳酸氢铵的质量标准见表 11。

表 11　农业用碳酸氢铵的质量标准（GB 3559－2001）

指标名称	碳酸氢铵（%）			干碳酸氢铵（%）
	优等品	一等品	合格品	
氮（N）	17.2	17.1	16.8	17.5
水分（H_2O）	3.0	3.5	5.0	0.5

注：优等品和一等品必须含添加剂。

5. 氯化铵

氯化铵（NH_4Cl，含 N 24%～26%），简称氯铵，是一种重要的铵态氮肥，纯品含 N 26.19%，肥料级产品含 N 24%～26%。由溶液结晶形成的氯化铵产品，呈白色或略带浅黄色，细结晶状，易溶于水，溶解时能吸热致冷，溶解度随温度升高而增大，100℃时可达 77.3%。氯化铵临界吸湿点较高，20℃时为相对湿度 79.3%，接近硫酸铵。但肥料级产品由于混有食盐、游离碳酸氢铵和硫酸盐等杂质而有氨味，易吸湿解潮，故贮运时必须注意密封。生产上有时将其精制并粒状化，成为 1～3 毫米颗粒，可明显降低其吸湿性和提高品质。农业用氯化铵质量标准见表 12。

表 12　农业用氯化铵质量标准（HG 2946-92）（%）

指标名称	优等品	一等品	合格品
氮（N）含量（以干基计）	25.4	25.0	25.0
水分	0.5	0.7	1.0
钠盐含量（以 Na 计）	0.8	1.0	1.4
粒度（1.0～4.0 毫米颗粒）	75	—	—
松散度（孔径 5.0 毫米）	75	—	—

注：1. 水分指出厂检验结果。结晶状产品必须加防结块剂。
2. 结晶状产品不控制粒度和松散度两项指标。
3. 松散度为监督抽检项目。每 7 天测定一次，均以出厂检验结果为准，但生产厂必须保证每批出厂产品合格。

6. 过磷酸钙

过磷酸钙［$Ca(H_2PO_4)_2 \cdot H_2O + CaSO_4$，含 P_2O_5 12%～20%］，是酸法磷肥的代表品种，俗称普钙，泛指用硫酸、磷酸或两者混合酸分解磷矿粉所制得的商品磷肥。普钙的主要成分是水溶性磷酸一钙，约占总量的30%～50%，难溶的硫酸钙约占总量的 40%～50%，还含有少量游离的磷酸和硫酸。普钙外观粉末状，呈灰白、浅黄或烟灰色，水溶液呈酸性反应。产品经造粒可制成粒径 2～4 毫米的粒状普钙。普钙在当季作物中的利用率低，一般小于10%～20%。过磷酸钙质量标准见表 13。

表 13　过磷酸钙质量标准（HG 2740-95）

指标名称		指　标（%）			
		优等品	一等品	合格品	
				Ⅰ	Ⅱ
有效五氧化二磷（P_2O_5）含量	≥	18.0	16.0	14.0	12.0
游离酸（以 P_2O_5 计）含量	≤	5.0	5.5	5.5	5.5
水分	≤	12.0	14.0	14.0	15.0

7. 重过磷酸钙

重过磷酸钙 [$Ca(H_2PO_4)_2 \cdot H_2O$，含 P_2O_5 40%～50%]，简称重钙，因其含 P_2O_5 量约为普钙的3倍，也称"三料"（"三重"）过磷酸钙，俗称"三料"，是一种高浓度的磷肥。重钙属水溶性磷肥，呈深灰色的颗粒或粉状，为弱酸性，不含石膏，易结块，腐蚀性和吸湿性也较强。重钙不含硫酸铁和硫酸铝，不会发生磷酸盐退化。其浓度高，多为粒状，物理性状好，便于运输和贮存。粒状重过磷酸钙质量标准见表14。

表14　粒状重过磷酸钙质量标准（HG 2219-91）

指标名称		指　标（%）		
		优等品	一等品	合格品
总磷（P_2O_5）含量	≥	47.0	44.0	40.0
有效磷（P_2O_5）含量	≥	46.0	42.0	38.0
游离酸（以 P_2O_5 计）含量	≤	4.5	5.0	5.0
游离水分	≤	3.5	4.0	5.0
粒度（1.0～4.0毫米）	≥	90	90	85
颗粒平均抗压强度（N）	≥	12	10	8

8. 硝酸钙

硝酸钙 [$Ca(NO_3)_2$，含N 13%～15%]，常用碳酸钙与硝酸反应生成。在溶液状态下生成的硝酸钙是其水合物 $Ca(NO_3)_2 \cdot 4H_2O$（含N11%）加热至42.7℃，放出2分子 H_2O，至150℃成 $Ca(NO_3)_2 \cdot 2H_2O$（含N 13%），进一步升温至172℃，完全脱水成 $Ca(NO_3)_2$，含N 16%。为便于造粒，可在硝酸钙料浆浓缩至87%时，加5%

NH_4NO_3 作添加剂，生产出含 N 15.5%～16.0%的产品。肥料级硝酸钙是一种灰色或淡黄色颗粒。硝酸钙极易吸湿，20℃时吸湿点为相对湿度 54.8%，很易在空气中潮解自溶，贮运中应注意密封。硝酸钙易溶于水，溶解度 128.8%，水溶液呈酸性。硝酸钙对热稳定，只在高温（561℃）下分解。硝酸钙在与土壤作用及被作物吸收过程中表现弱的生理碱性，但由于含有充足的 Ca^{2+} 而不致引起副作用。氨化硝酸钙质量标准见表 15。

表 15　氨化硝酸钙质量标准（HG/T 3733 - 2004）

指标名称		指标（%）	项　目		指标（%）
总氮（N）的质量分数	≥	14.5	游离水（H_2O）的质量分数	≤	3.5
水溶性钙（Ca）的质量分数	≥	18.0	粒度（1.00～4.75 毫米）	≥	80

9. 钙镁磷钾肥

磷矿石、钾长石（或含钾矿石）与含镁、硅的矿石在高温炉或电炉中经高温熔融、水淬、干燥和磨细所制得的肥料。钙镁磷肥呈灰白色、灰绿色或灰黄色粉末，质量标准见表 16。

表 16　钙镁磷钾肥质量标准（HG 2598 - 94）

指标名称		指　标（%）	
		一等品	合格品
总养分（$P_2O_5+K_2O$）含量	≥	15.0	13.0
有效钾（K_2O）含量	≥	2.0	1.0
水分	≤	0.5	0.5
细度（通过 250 微米标准筛）	≥	80	80

10. 钙镁磷肥

钙镁磷肥［$\alpha-Ca_3(PO_4)_2$，含 P_2O_5 10%～25%］，又称熔融磷肥或熔融含镁磷肥，是枸溶性热法磷肥中使用量较多的一个代表品种。钙镁磷肥产品外观为灰白、浅绿、墨绿或灰褐色，微碱性（pH8.0～8.5），玻璃态粉末，无毒，无臭，不吸湿，不结块，不腐蚀包装材料，长期贮存不易变质。钙镁磷肥的主要成分 P_2O_5（14%～22%）、CaO（25%～38%）、MgO（8%～18%）、SiO_2（20%～35%）和 P_2O_3（4%～6%）。其中所含的 P_2O_5 枸溶率 80%以上。钙镁磷肥质量标准见表 17。

表 17　钙镁磷肥质量标准（HG 2557－94）

指标名称		指　标（%）		
		优等品	一等品	合格品
有效五氧化二磷（P_2O_5）含量	≥	18.0	15.0	12.0
水分	≤	0.5	0.5	0.5
碱（以 CaO 计）含量	≥	45.0	—	—
可溶性硅（SiO_2）含量	≥	20.0	—	—
有效镁（MgO）含量	≥	12.0	—	—
细度（通过 250 微米标准筛）	≥	80	80	80

11. 硫酸钾

硫酸钾［K_2SO_4，含 K_2O 50%（K，41.7%）］，是一种主要的钾肥品种，但其消费量远少于氯化钾，不到世界钾肥消费量的 10%。纯品硫酸钾外观白色，结晶体或粉末状。肥料级硫酸钾常灰黄、灰绿或浅棕色，有辣味，吸湿性小，20℃时吸湿点为相对湿度 99.1%，故可长期存放，不易结块，贮运、使用均较方便。硫酸钾是一种较强的电解质，易溶于水，但溶解度小于氯化钾。其水溶液呈中性，化学性质稳定。施用后，因作物根系对 K^+ 不平衡吸收或与土壤胶体发生离子交换反应，易残留 SO_4^{2-}，使介质发生一定程度的酸化，是一种生理酸性肥料。农业用硫酸钾质量标准见表 18。

表 18　农业用硫酸钾质量标准（ZBG 21006－89）

指标名称		指　标（%）		
		优等品	一等品	合格品
氧化钾（K_2O）含量	≥	50.0	45.0	33.0
氯（Cl）含量	≤	1.5	2.5	
水分含量	≤	1.0	3.0	5.0
游离酸（以 H_2SO_4 计）含量	≤	0.5	3.0	
碱度（以 Na_2O 计）	≤			1.0

12. 氯化钾

氯化钾［KCl，含 K_2O 60.0%（K，50.0%）］，因其含钾量高，资源丰富，加工较为简便，价格较低，在钾肥中居于主要地位。农用氯化钾产品一般含 K_2O 不低于 60.0%（K 不低于 50%）或 KCl 不低于 95%。我国农用氯化钾的产品标准要求含 KCl 90%～96%。氯化钾不仅直接用作钾肥或作掺和肥料的基础肥料，而且是生产硫酸钾、硝酸钾或磷酸钾等无氯钾肥的基本钾源。纯品氯化钾是白色有光泽的结晶，20℃时在水中溶解度为 34.3%，微溶于液氨和乙醇。商品氯化钾外形呈浅黄色、砖红色或白色，结晶状或颗粒状，游离水含量较低，有一定吸湿性。颗粒状（0.8～4.7 毫米）或粗粒级（0.6～2.3 毫米）氯化钾主要用于散装掺和肥料。氯化钾 20℃时吸湿点为相对湿度 88.3%。氯化钾质量标准见表 19。

表 19 氯化钾质量标准（GB 6549－1996）

指标名称	指标（%）						
	Ⅰ类	Ⅱ类			Ⅲ类		
		优等品	一等品	合格品	优等品	一等品	合格品
氧化钾（K_2O）含量 ≥	62	60	59	57	60	57	54
水分（H_2O） ≤	2	2	4	6	6	6	6
钙镁（Ca+Mg）含量 ≤	0.2	0.4	—	—	—	—	—
钙（Ca）含量 ≤	—	—	0.5	0.8	—	—	—
镁（Mg）含量 ≤	—	—	0.4	0.6	—	—	—
氯化钠（NaCl）含量 ≤	1.2	2.0	—	—	—	—	—
水不溶物含量 ≤	0.1	0.3	—	—	—	—	—

注：除水分外，各组分含量均以干基计算。

13. 磷酸一铵

磷酸一铵分子式为 $NH_4H_2PO_4$，相对分子质量 115，纯品含氮 12.2%，含 P_2O_5 61.8%。其结晶形态为正方晶体。磷酸一铵易溶于水，在水中有较大的溶解度，且随温度的升高而急剧增大。磷酸一铵在 30℃时的临界相对湿度为 91.6%，所以它的吸湿性小。磷酸一铵的化学稳定性好，与硫酸铵、硫酸钾、磷酸二氢钾、磷酸二氢钙和磷酸二钙等均有良好的相合性，但与某些盐的混合物，其吸湿性要提高很多，例如在 30℃时，磷酸一铵（纯品）及尿素的临界相对湿度分别为 91.6%和 72.5%。磷酸一铵热稳定性好，即使把它加热到 100℃还觉察不到释出氨。磷酸一铵质量标准见

表 20。

表 20 料浆法磷酸一铵质量标准（GB 10205－2001）

指标名称		指标（%）		
		优等品 11－47－0	一等品 11－44－0	合格品 10－42－0
总养分（$N+P_2O_5$）	≥	58.0	55.0	52.0
总氮（N）含量	≥	10.0	10.0	9.0
有效磷（以 P_2O_5 计）含量	≥	46.0	43.0	41.0
水溶性磷占有效磷的百分比	≥	80	75	70
水分（H_2O）	≤	2.0	2.0	2.5
粒度（1.00～4.00 毫米）	≥	90	80	80

14. 磷酸二铵

磷酸二铵又称磷酸氢二铵，其分子式为$(NH_4)_2HPO_4$，相对分子质量 132，纯品含氮 21.2%、$P_2O_5$53.8%。其结晶形态为单斜晶体。磷酸二铵易溶于水，25℃及 40℃的溶解度分别为每百克水 41.7 克、47.2 克。磷酸二铵纯品在 30℃时的临界相对湿度为 82.5%，故将其在仓库散堆贮存时，如空气中湿度有变化，磷酸二铵会发生吸湿、失湿或结块等现象。磷酸二铵与尿素混合易形成低共溶物（熔点 115℃），而且在 30℃时的临界相对湿度下降到 62%。磷酸二铵与硫酸铵、硝酸铵、硫酸钾和氯化钾等混合时，均有良好的相合性，但各临界相对湿度都有不同程度下降。磷酸二铵的热稳定性不如磷酸一铵。其质量标准见表 21。

表 21　料浆法磷酸二铵质量标准（GB 10205 - 2001）

指标名称		指　标（%）	
		一等品 15 - 42 - 0	合格品 13 - 38 - 0
总养分（$N+P_2O_5$）	≥	57.0	51.0
总氮（N）含量	≥	14.0	12.0
有效磷（以 P_2O_5 计）含量	≥	41.0	37.0
水溶性磷占有效磷的百分比	≥	75	70
水分（H_2O）	≤	2.0	2.5
粒度（1.00～4.00 毫米）	≥	80	80

15. 硝酸磷肥

硝酸磷肥［$CaHPO_4 \cdot NH_4H_2PO_4 \cdot NH_4NO_3 \cdot Ca(NO_3)_2$，含 N 13%～26%，$P_2O_5$ 12%～20%］，是由硝酸或硝酸－硫酸（或硝酸－磷酸）混合酸分解磷矿粉，除去部分可溶于水的硝酸钙后的产物。产品组分复杂，氮主要来自 NH_4NO_3 和 $Ca(NO_3)_2$，磷来自 $CaHPO_4$ 和 $NH_4H_2PO_4$，N∶P_2O_5 比例在 1～2∶1。硝酸磷肥大部分为灰白色颗粒，有一定吸湿性，部分溶于水，水溶液呈酸性反应。硝酸磷肥中含氮成分主要是硝酸铵和硝酸钙，都可溶于水；含磷成分主要是磷酸铵和磷酸二钙，前者可溶，后者部分可溶。溶液 pH 较低时，可能存在 $Ca(H_2PO_4)_2$，水溶性增加；在 pH 较高时，可能存在难溶的 $Ca_3(PO_4)_2$，而水溶性降低。硝酸磷肥质量标准见表 22。

16. 磷酸二氢钾

磷酸二氢钾（KH_2PO_4，含 P_2O_5 52%、K_2O 34%），呈白色或灰白色细结晶，吸湿性弱，物理性质良好，易溶于水，20℃时水中溶解度 22.6%，水溶液呈酸性，pH3～4。

熔点253℃，加热至400℃时能脱水生成偏磷酸钾。磷酸二氢钾质量标准见表23。

表22　硝酸磷肥质量标准（GB/T 10510－1998）

指标名称		指　标（%）		
		优等品	一等品	合格品
总氮（N）含量	≥	27.0	26.0	25.0
有效磷（以 P_2O_5 计）含量	≥	13.5	11.0	10.0
水溶磷占有效磷百分比	≥	70	55	40
水分（游离水）	≤	0.6	1.0	1.2
粒度（1.00～4.00毫米）	≥	95	85	80
颗粒平均抗压碎力（2.00～2.80毫米）N	≥	50	40	30

表23　磷酸二氢钾质量标准（HG 2321－92）

指标名称		工业（%）		农业（%）	
		一等品	合格品	一等品	合格品
磷酸二氢钾（以干基计）含量	≥	98.0	97.0	96.0	92.0
水分	≤	2.5	3.0	4.0	5.0
pH		4.3～4.7		4.3～4.7	
水不溶物含量	≤	0.2	0.5		
氯化物（Cl）含量	≤	0.2			
铁（Fe）含量	≤	0.003	—		—
砷（As）含量	≤	0.005			
重金属（以Pb计）含量	≤	0.005			
氧化钾（K_2O，以干基计）含量	≥	33.9	33.5	33.2	31.8

（二）中量元素养分

中量元素养分包括硫、钙和镁。目前，除少数情况将单体硫直接用作肥料外，硫大多作为普通肥料的副成分或添加物一起施用。含硫肥料品种及标准见表24。

表24 含硫化肥的品种、形态及含量

品名	主要成分	S（%）	品名	主要成分	S（%）
石膏	$CaSO_4 \cdot 2H_2O$	13～19	硫硝酸铵	$(NH_4)_2SO_4$，NH_4NO_3	5～11
硫酸铵	$(NH_4)_2SO_4$	24	硫磷酸铵	$(NH_4)_2SO_4$，DAP（MAP）	7～20
硫酸钾	K_2SO_4	17	硫铵尿素	$(NH_4)_2SO_4$，$CO(NH_2)_2$	6～13
硫酸镁	$MgSO_4$	13	硫包尿素	$S+CO(NH_2)_2$	6～18
普钙	$Ca(H_2PO_4)_2$，$CaSO_4$	9	含硫悬浮液体复肥	NPK+S	10～20
硫黄	S	>99			

当前没有专门用作补充钙的钙肥，一般都用含钙较多的物料，如含钙氮肥、磷肥或石灰、石膏等，不但起到增加土壤肥力的作用，而且能够改善土壤物理性质。含钙肥料品种及标准见表25。

表25 含钙化肥的品种、形态及含量

品 名	主要成分	Ca（%）	品名	主要成分	Ca（%）
硝酸钙	$Ca(NO_3)_2$	19	生石灰	CaO	70
石灰氮	$Ca(CN)_2$，CaO	38	熟石灰	$Ca(OH)_2$	50
普通过磷酸钙	$Ca(H_2PO_4)_2 \cdot H_2O$，$CaSO_4$	18～20	碳酸钙	$CaCO_3$	35～38
钙镁磷肥	a-$Ca_3(PO_4)_2$，$CaSiO_3$	20～24	白云石粉	$CaMg(CO_3)_2$	20
磷矿粉	$Ca_{10}F_2(PO_4)_6$	20～35	石膏	$CaSO_4$	22

注：Ca（%）×1.4=CaO（%）。

镁肥的施用也并不普遍，市场上以补充作物镁营养为目的的镁肥品种较少，通常用作镁肥的是一些镁盐粗制品、含镁矿物、工业副产品或由大量元素肥料带入的副成分。含镁肥料品种及标准见表26。

表26 含镁肥料品种、形态及含量

品名	主要成分	Mg（%）	品名	主要成分	Mg（%）
硫酸镁	$MgSO_4$	9.7	钾镁肥	K_2SO_4，$MgSO_4$	7～8
氯化镁	$MgCl_2$	25.6	白云石	$CaMg(CO_3)_2$	10～13
磷酸镁铵	$MgNH_4PO_4$	14	菱镁矿	$MgCO_3$	27
磷酸镁	$Mg_3(PO_4)_2$	9～11			

注：Mg（%）×1.66=MgO（%）。

（三）微量元素养分

微量元素养分包括锌、硼、锰、铜、钼和铁。

1. 锌肥

硫酸锌是最常用的含锌微肥。工业品硫酸锌包括七水硫酸锌（$ZnSO_4 \cdot 7H_2O$）和一水硫酸锌（$ZnSO_4 \cdot H_2O$）两种。七水硫酸锌又称锌矾、白矾或皓矾，相对分子质量287.54，斜方晶体柱或粉状结晶，无色、有光泽、易溶于水，稀释液呈弱酸性。一水硫酸锌相对分子质量179.44，溶于水。中国国家产品标准规定，工业用$ZnSO_4 \cdot 7H_2O$，含Zn≥21.8%，$ZnSO_4 \cdot H_2O$含Zn≥35.0%。锌肥的品种、形态与含量见表27。

表 27　锌肥的品种、形态与含量

品名	分子式	含 Zn（近似值）（%）	品名	分子式	含 Zn（近似值）（%）
一水硫酸锌	$ZnSO_4 \cdot H_2O$	36	硫化锌	ZnS	60
七水硫酸锌	$ZnSO_4 \cdot 7H_2O$	23	含锌玻璃肥料	（硅酸盐）	不定
碱式硫酸锌	$ZnSO_4 \cdot 4Zn(OH)_2$	55	磷酸锌	$Zn_3(PO_4)_2$	51
氧化锌	ZnO	60～80	锌螯合肥	$Na_2ZnEDTA$	14
氯化锌	$ZnCl_2$	45～52		NaZnHEDTA	8

2. 硼肥

硼砂和硼酸是最常用的硼肥。硼砂是十水四硼酸钠，又称月石砂，分子式是 $Na_2B_4O_7 \cdot 10H_2O$，相对分子质量381.37，无色透明单斜晶体或白色粉末，无臭，味略咸，在空气中易氧化，易溶于水，0℃时饱和溶液含 $Na_2B_4O_7$ 1.3%，100℃时 34.3%，水溶液呈碱性。工业产品的纯度为 95%～99.5%，折成硼含量为 10.3%～10.8%。硼酸可认为是氧化硼的水合物，即 $B_2O_3 \cdot H_2O$，分子式 H_3BO_3，相对分子质量 61.83，外观为无色透明的三斜晶体，呈六角形带光泽结晶或白色粉末状细结晶，无臭，溶于水，溶解度随温度而升高，20℃时溶解度 4.87%，100℃时38%，水溶液弱酸性。硼肥品种、形态与含量见表 28。

3. 锰肥

使用最广泛的锰肥是水溶性的磷酸盐，又名硫酸亚锰，含 1 份结晶水，相对分子质量 169.01，也有含 3 份或 7 份结晶水的硫酸锰，含锰量稍低，是一种淡玫瑰红色斜方或单斜细结晶，易溶于水，水溶液亦呈淡玫瑰红色，有时可用其为复合微肥营养液着色。锰肥的品种、形态与含量见表29。

表28 硼肥品种、形态与含量

品 名	分子式	含B（近似值）（%）	品 名	分子式	含B（近似值）（%）
硼砂	$Na_2B_4O_7 \cdot 10H_2O$	11	硼酸	H_3BO_3	17
五水四硼酸钠	$Na_2B_4O_7 \cdot 5H_2O$	14	硬硼钙石	$Ca_2B_6O_{11} \cdot 5H_2O$	10
十水十硼酸钠	$Na_2B_{10}O_{16} \cdot 10H_2O$	18	含硼玻璃肥料	—	2～6
无水四硼酸钠	$Na_2B_4O_7$	20			

表29 锰肥的品种、形态与含量

品 名	分子式	含Mn（近似值）（%）	品 名	分子式	含Mn（近似值）（%）
硫酸锰	$MnSO_4 \cdot H_2O$	29.3～31.8	碳酸锰	$MnCO_3$	31
氧化锰	MnO	41～68	氯化锰	$MnCl_2 \cdot 4H_2O$	27
锰代甲氧基苯丙烷	MnMPP	10～12	二氧化锰	MnO_2	63
锰螯合物	MnEDTA	12			

4. 铁肥

七水硫酸亚铁是价格较低的最常用铁肥，又名黑矾、绿矾或铁矾，相对分子质量278.05，外观为淡绿色单斜结晶，可溶于水，20℃时溶解度为26.3%。晶体在空气中易潮解，能被空气氧化成黄色或铁锈色。络合铁（如FeEDtA、FeDtPA）的肥效一般高于硫酸亚铁等无机铁盐，但价格高。铁肥的品种、形态与含量见表30。

表 30　铁肥的品种、形态与含量

品　名	分子式	含 Fe（近似值）（%）	品　名	分子式	含 Fe（近似值）（%）
硫酸亚铁	$FeSO_4 \cdot 7H_2O$	19	铁螯合物	FeDTPA	10
硫酸铁	$Fe(SO_4)_3 \cdot 4H_2O$	23		FeEDTA	9～12
氧化亚铁	FeO	77		FeEDDHA	6
硫酸亚铁铵	$(NH_4)_2SO_4$，$FeSO_4 \cdot 6H_2O$	14	木素磺酸铁	—	5～8
聚磷酸铁铵	$Fe(NH_4)HP_2O_7$	22	铁代甲氧基苯丙烷	FeMPP	5

5. 铜肥

农用铜肥有10余种，最常用的是五水硫酸铜，又名胆矾或蓝矾，分子式 $CuSO_4 \cdot 5H_2O$，相对分子质量249.68；深蓝色块状结晶，粉碎后成淡蓝色粉末；有毒，可直接用作农药；能溶于水，水溶液呈酸性。铜肥品种、形态与含量见表31。

表 31　铜肥的品种、形态与含量

品　名	分子式	含 Cu（近似值）（%）	品　名	分子式	含 Cu（近似值）（%）
五水硫酸铜	$CuSO_4 \cdot 5H_2O$	25	氧化铜	CuO	75
一水硫酸铜	$CuSO_4 \cdot H_2O$	35	醋酸铜	$Cu(C_2H_3O_2)_2 \cdot H_2O$	32
碱式硫酸铜	$CuSO_4 \cdot 3Cu(OH)_2$	13～53	草酸铜	$CuC_2O_4 \cdot 1/2H_2O$	40
孔雀石	$CuSO_4 \cdot Cu(OH)_2$	57	磷酸铵铜	$Cu(NH_4)PO_4 \cdot H_2O$	32
蓝铜矿	$2CuCO_3 \cdot Cu(OH)_2$	55	铜螯合物	$Na_2CuEDtA$	13
氧化亚铜	Cu_2O	89		NaCuHEDtA	16

6. 钼肥

含钼化肥品种有多种，以钼酸铵为代表，是一种白色或淡黄色菱形结晶体，密度 2 498 千克/米^3，能溶于水、强酸或强碱中，不溶于乙醇和丙酮；在空气中易风化失去部分结晶水和部分氨；加热到 90℃失去 1 个结晶水，190℃即分解为氨、水和三氧化钼。钼肥的主要品种、形态与含量见表 32。

表 32 钼肥的主要品种、形态与含量

品名	分子式	含 Mo（近似值）（%）	品名	分子式	含 Mo（近似值）（%）
钼酸钠	$Na_2MoO_4 \cdot 2H_2O$	39	硫化钼	MoS_2	60
钼酸铵	$(NH_4)_6Mo_7O_{24} \cdot 4H_2O$	54	含钼玻璃肥料	—	2～3
三氧化钼	MoO_3	66			

（四）有益养分元素

随着农业科学的发展与分析化学技术的进步，在作物 16 种必需营养元素之外，还有一些营养元素，它们对某些作物的生长发育具有良好的刺激作用，或者是某些植物种类、在某些特定条件下所必需，但并不是所有植物所必需的，故称为有益元素。目前有益元素主要包括硅（Si）、钠（Na）、钴（Co）、硒（Se）、镍（Ni）、铝（Al）、钛（Ti）等。随着人们对有益元素认识的提高，含有益元素的肥料或制剂在农业生产上已得到应用，并显示出它们在提高作物产量方面的积极作用。

1. 硅肥

硅已被公认为使许多作物获得高产的元素之一。硅的营养生理研究正在深入并取得了进展，除水稻、大麦、小麦及玉米外，已经证实硅在番茄、黄瓜等双子叶作物的生理功能上起着重要作用。以水稻生产为主的东南亚国家甚至把硅肥列为水稻生产的第四个大量元素肥料，即氮、磷、钾和硅；另外，澳大利亚和美国夏威夷在甘蔗上施用硅肥也很普遍。

钙镁磷肥中含有大量有效二氧化硅。国际上也见到使用水溶性偏硅酸钠（Na_2SiO_3）、五水偏硅酸钠（$Na_2SiO_3 \cdot 5H_2O$）和非水溶性偏硅酸钙（$CaSiO_3$）以及波特兰水泥用作硅肥的报道。在我国，一些含硅肥料的成分及含量见表33。

表33 中国一些硅肥的主要成分和有效硅含量（%）

硅肥品种	样品来源	SiO_2	CaO	Al_2O_3	Fe_2O_3	MgO	P_2O_5	K_2O	有效 SiO_2
炼铁高炉渣	江宁钢铁厂	36.41	42.69	9.72	0.68	0.85		2.58	28.5
粉煤灰硅钙肥	武昌电厂	38.24	29.65	24.19	3.93	1.85			26.5
黄磷炉渣	南化公司	38.21	46.30	4.79	0.53	6.17	1.91	0.93	24.5
电炉钢渣	南昌钢厂	23.33	38.03	3.43		5.41	0.40		12.3
造气炉渣	高安化肥厂	20.73	37.87	13.23	2.03	3.05	0.25	0.38	13.2

2. 钛肥

钛功效概括起来有几点：①可明显提高叶绿素含量，增强光合作用效率，从而增加干物质积累。②明显提高作物体内多种酶的活性，特别是固氮酶。③能促进根系生长，提高吸收土壤养分的能力。④能增强作物的抗逆能力，如抗病、抗寒、抗旱等。⑤能促进作物早熟。

应该指出，有益元素在农业增产中可以发挥一定的作用；适宜的含量是有益元素发挥作用的关键。合理施用氮、磷、钾和微量元素及有益元素肥料，对未来农业将会带来新的进展，但是大力推广应用有益元素肥料或相应的制剂，也是今后发展农业生产不可忽视的新举措。

（五）氨基酸螯（络）合微量元素、稀土及腐植酸肥料

1. 氨基酸螯（络）合微量元素、稀土

用氨基酸螯合的微量元素及稀土可直接被作物吸收利用。用量少，见效快，生产工艺简单。生产方法是用混合氨基酸水解液与微量元素锌、锰、硼、铁、铜、钼及稀土等在75～85℃温度搅拌，反应1～2小时，即生成螯（络）合物。可按工艺条件生产出氨基酸含量≥16%、微量元素及稀土≥6%的氨基酸螯（络）合物。

2. 腐植酸肥料

腐植酸含有大量的功能性有机质，是专用型复混肥料的主要原料之一。

腐植酸类肥料是以风化煤、褐煤、泥炭等为原料，经化学处理或掺入无机肥料制成的肥料。常见的品种有黄腐酸、硝基腐植酸、腐植酸钠、腐植酸铵、腐植酸复混肥等。

（1）黄腐酸。黄腐酸产品为黑色粉状物质，溶于水，水溶液呈酸性、无毒，在自然环境中稳定，遇高价金属离子易产生絮凝。

黄腐酸的水溶液喷施在作物叶面上，能控制叶面气孔的开放度，减少蒸腾，提高作物的抗旱能力，同时提高作物抗逆能力，施用后能提高作物产品和品质。适用于各种作物，是专用型复混肥料的增效剂之一。黄腐酸的质量指标见表34。

表 34　黄腐酸的质量指标

指标名称	指标	指标名称	指标
外观	灰黑色粉剂	灰分（干基），%	≤30
黄腐酸含量（干基），%	≥70	粒度　　目	≤60
水分，%	≤5	pH（1%溶液）	＜45

（2）硝基腐植酸。棕色或黑色粉末，呈酸性，不溶于水，易溶于稀碱液。对碱性土壤有改良作用，可用作水稻秧田的调酸剂。使土壤的 pH 由 8 降至 6.5。一般每平方米土面用 100 克左右，在复混肥中，一般添加量为 5%～10%。

硝基腐植酸对土壤中的脲酶有抑制作用，能提高尿素的利用率。有改善土壤团粒结构、增加土壤代换量、延缓磷被土壤固定、保水保肥作用。腐植酸能促进根系发育，提高养分吸收，增强作物抗逆性，促进作物生长发育。硝基腐植酸的质量指标见表 35。

表 35　企业标准（太原化肥）

指标名称	指标		
	优级品	一级品	二级品
水分（分析基），%　＜	15.0	15.0	20.0
灰分（干基），%　＜	10.0	15.0	20.0
腐植酸（干基），%　＞	80.0	75.0	60.0
总氮（干基），%　＞	2.5	2.0	1.5
交换容量，摩尔/千克　＞	3.5	3.5	3.0

（3）腐植酸钠。产品是黑色有光泽颗粒或黑色粉末，呈微碱性，溶于水，无毒，在空气中稳定。腐植酸钠的水溶液对植物生长有调节作用，能促进作物根系发育，提高作物对

养分的吸收能力，还具有增强作物光合作用、改良土壤等效应。腐植酸钠的质量指标见表 36。

表 36 腐植酸钠的质量标准（ZBG 21005 - 87）

指标名称		一级品	二级品	三级品
腐植酸（以干基计），%	≥	70	55	40
水分，%	≤	10	15	15
pH		8.0～9.5	9.0～11.0	9.0～11.0
水不溶物（以干基计），%	≤	20	30	40
灼烧残渣（以干基计），%	≤	10	20	25
1.0 毫米筛的筛余物，%	≤	5	5	5

（4）腐植酸铵。腐植酸铵是用碳酸氢铵或氨水与风化煤或褐煤、泥炭制成的一种腐植酸肥料，可为作物提供营养，还具有改良土壤理化性状、刺激作物生长等功能，是专用型复混肥料原料之一。

腐植酸铵适用于各种土壤、各类作物。在土壤结构不良的沙土、盐碱土、酸性土壤土、有机质缺乏的土壤上效果更为显著。腐植酸铵在蔬菜上施用增产效果最好，其次是块根、块茎作物，对油料作物效果较差。一级腐植酸铵一般亩施 50～150 千克，二级腐植酸铵亩施 100～200 千克。腐植酸铵的生产技术指标见表 37。

表 37 腐植酸铵技术指标

指　标		一级	二级
水溶性腐植酸（干基），%	≥	35	25
速效氮（干基），%	≥	4	3
水分（应用基），%	≤	35	35

（六）生物肥料

生物肥料也叫微生物肥料、菌肥、细菌肥料，是利用微生物对氮的固定、对土壤矿物质和有机质的分解，从而刺激作物根系生长，促进作物对土壤中各种养分的吸收。生物肥料能改良土壤，活化被土壤固定的营养元素，提高化肥利用率，为作物根际提供良好的生态环境，是绿色农业和有机农业的理想肥料。

专用型复混肥料中添加的生物肥料有复合微生物肥料、磷细菌肥料、硅酸盐细菌肥料、生物有机肥料等。

1. 复合微生物肥料

复合微生物肥料是指用特定微生物与营养物质复合或复混而成，能提供、保持或改善植物营养，提高农产品产量或改善农产品品质的活体微生物制品。产品执行中华人民共和国农业行业标准 NY/T 798－2004。

复合微生物肥料产品技术指标见表 38、表 39。

表 38　复合微生物肥料产品技术指标

指标名称		剂型		
		液体	粉剂	颗粒
有效活菌数（cfu）[a]，亿/克	≥	0.50	0.20	0.20
总养分（$N+P_2O_5+K_2O$），%	≥	4.0	6.0	6.0
杂菌率，%	≤	15.0	30.0	30.0
水分，%	≤	—	35.0	20.0
pH		3.0～8.0	5.0～8.0	5.0～8.0
细度，%	≥	—	80.0	80.0
有效期[b]，月	≥	3	6	

a. 含 2 种以上微生物的复合微生物肥料，每一种有效菌的数量不得少于 0.01 亿/克（毫升）。

b. 此项仅在监督部门或仲裁双方认为有必要时才检测。

表 39 复合微生物肥料产品无害化指标

参 数		标准极限
粪大肠菌群数，个/克（毫升）	≤	100
蛔虫卵死亡率,%	≥	95
砷及其化合物（以 As 计），毫克/千克	≤	75
镉及其化合物（以 Cd 计），毫克/千克	≤	10
铅及其化合物（以 Pb 计），毫克/千克	≤	100
铬及其化合物（以 Cr 计），毫克/千克	≤	150
汞及其化合物（以 Hg 计），毫克/千克	≤	5

2. 磷细菌肥料

磷细菌肥料中含有能转化土壤中难溶性磷酸盐的磷细菌。磷细菌有两种：一种是有机磷细菌，在相应酶的参与下，能使土壤中有机磷水解，转化为作物可以吸收利用的形态；另一种是无机磷细菌，它能利用生命活动中产生的二氧化碳和多种有机酸将土壤中难溶性矿物态磷酸盐溶解成作物可以吸收的速效磷。磷细菌在生命活动中除具有解磷的功能外，还能形成维生素、生长素和类赤霉素的刺激物质，对作物生长有刺激作用。可作基肥施用，每亩施用 3～4 千克，也可与农家肥混合施用。也可作追肥施用。产品技术指标执行 NY 412－2000。

液体磷细菌肥料技术指标见表 40。

表 40 液体磷细菌肥料技术指标

指标名称	指 标
外观、气味	浅黄或灰白混浊液体，稍有沉淀，微臭或无臭味

（续）

指标名称		指　标
有效活菌数，亿个/毫升	有机磷细菌肥料	≥2.0
	无机磷细菌肥料	≥1.5
杂菌率①，%		≤5
pH		4.5～8.0
有效期，月		≥6

①杂菌率包括在选择培养基上的杂菌数和在马丁培养基上的霉菌数的规定为：一般磷细菌肥料的霉菌数要求少于 30.0×10^{5} 个/毫升（克），拌种剂磷细菌肥料霉菌数要求少于 10.0×10^{4} 个/毫升（克）。

固体（粉状）磷细菌肥料技术指标见表 41。

表 41　固体（粉状）磷细菌肥料技术指标

指标名称		指　标
外观、气味		粉末状、松散、湿润、无霉菌块、无霉味，微臭
水分，%		25～50
有效活菌数，亿个/毫升	有机磷细菌肥料	≥1.5
	无机磷细菌肥料	≥1.0
细度（粒径）		通过孔径 0.20 毫米标准筛的筛余物≤10%
pH		6.0～7.5
杂菌率，%		≤10
有效期，月		≥6

固体（颗粒）磷细菌肥料技术指标见表 42。

表 42　固体（颗粒）磷细菌肥料技术指标

指标名称		指　标
外观、气味		松散、黑色或灰色颗粒，微臭
水分,%		≤10
有效活菌数，亿个/克	有机磷细菌肥料	≥0.5
	无机磷细菌肥料	≥0.5
细度（粒径）		全部通过 2.5～4.5 毫米孔径的标准筛

3. 硅酸盐细菌肥料

硅酸盐细菌肥料，也叫生物钾肥。能分解土壤中硅酸盐类的钾，使其转化为作物可以吸收利用的有效钾，还具有分解土壤中难溶性磷的功能。

硅酸盐细菌能分解钾长石、云母等铝硅酸盐类的原生态矿物，使土壤中难溶性的钾、磷、硅等元素变为可溶性，供植物吸收利用。当土壤中速效性钾含量在 26 毫克/千克以下时，不利于硅酸盐细菌的生长及解钾功能的发挥；土壤中速效性钾含量在 50～75 毫克/千克时，硅酸盐细菌的解钾功能达到高峰。为了发挥硅酸盐菌剂的解钾功能，配合施用低浓度的化学钾肥是非常必要的，硅酸盐菌剂在土壤中产生生长素、赤霉素、细胞分裂素等物质。能合成并分泌柠檬酸、酒石酸、草酸、苹果酸等有机酸和多种氨基酸。硅酸盐菌剂能解钾，为作物提供一部分钾素，但生物钾肥不能完全代替化学钾肥。施用硅酸盐菌剂后，对抑制作物病害，提高作物抗病性有一定作用。钾细菌对环境条件适应性强，养分贫瘠的土壤也能正常生存。钾细菌生长的适宜温度为 25～30℃，适宜的 pH 为 7.2～7.4，当 pH 小于 5 或大于 8 时，生长受到抑制。

硅酸盐菌剂可作基肥、追肥、拌种或蘸根，是专用型复混肥的原料之一，其产品技术指标见表43。

表43　硅酸盐细菌肥料成品技术指标（NY 413－2000）

指标名称	液体	固体	颗粒
外观	无异臭味	黑褐色或褐色粉末，湿润，松散无异臭味	黑色或褐色颗粒
水分，%	—	20.0～50.0	＜10.0
pH	6.5～8.5	6.5～8.5	6.5～8.5
细度筛余物，% 孔径0.18毫米 孔径5.00～2.5毫米	 — —	 ≤20 —	 — ≤10
有效期内有效活菌数	5	1.2	1.0
杂菌①，%　≤	5.0	15.0	15.0
有效期②，月　≥	3	6	6

①其中包括10－6马丁培养基平板上无霉菌；

②此项仅在监督部门或仲裁检验双方认为有必要时才检测。

4. 生物有机肥料

生物肥料是指用特定功能微生物与主要以动植物残体（如畜禽粪便、农作物秸秆等）为来源，并经无害化处理，腐熟的有机物料复合而成的一类兼具微生物肥料和有机肥效应的肥料。

使用的微生物菌种应安全、有效、有明确来源和种名。粉剂产品应松散，无恶臭味；颗粒产品应无明显机械杂质、大小均匀、无腐败味。生物有机肥料产品的各项技术指标见表44。

表 44　生物有机肥料产品技术指标

指标名称		剂型	
		粉剂	颗粒
有效活菌数（cfu），亿/克	≥	0.20	0.20
有机质（以干基计），%	≥	25.0	25.0
水分，%	≤	30.0	15.0
pH		5.5～8.5	5.5～8.5
粪大肠菌群数，个/克（毫升）	≤	100	
蛔虫卵死亡率，%	≥	95	
有效期，月	≥	6	

生物有机肥产品中 As、Cd、Pb、Cr、Hg 含量指标应符合 GB 20287－2006《农用微生物菌剂》中 5.3.2 的规定。若产品中加入无机养分，应明示产品中总养分含量，以 $N+P_2O_5+K_2O$ 总量表示。

（七）有机肥料

1. 秸秆肥

我国是农业大国，各种秸秆的资源来源广泛，数量巨大，是一项取之不尽的有机肥原料资源。利用秸秆生产有机肥料，可以充分利用资源变废为宝，同时减少因焚烧秸秆造成对环境的污染。

（1）秸秆资源与养分含量。据报道，我国农作物秸秆年总产量达 7 亿多吨，其中稻草 2.3 亿吨、玉米秸 2.2 亿吨、小麦秸 1.2 亿吨、豆类和秋杂粮作物秸秆约 1 亿吨，花生、薯类藤蔓、甜菜叶、甜菜糖渣和甘蔗糖渣约 1 亿吨。

秸秆中含有大量的有机质、氮、磷、钾、钙、镁、硫、硅、铜、锰、锌、铁、钼等营养元素，主要作物秸秆见表45。

表45　主要作物秸秆的营养元素含量（烘干物）

种类	大量及中量元素（克/千克）							微量元素（毫克/千克）					
	N	P	K	Ca	Mg	S	Si	Cu	Zn	Fe	Mn	B	Mo
稻　草	9.1	1.3	18.9	6.1	2.2	1.4	94.5	15.6	55.6	1 134	800	6.1	0.88
小麦秸	6.5	0.8	10.5	5.2	1.7	1.0	31.5	15.1	18.0	355	62.5	3.4	0.42
玉米秸	9.2	1.5	11.8	5.4	2.2	0.9	29.8	11.8	32.2	493	73.8	6.4	0.51
高粱秸	12.5	1.5	14.2	4.6	1.9	1.9	143	46.6	254	127	7.2	0.19	
甘薯藤	23.7	2.8	30.5	21.1	4.6	3.0	17.6	12.6	26.5	1 023	119	31.2	0.67
大豆秸	18.1	2.0	11.7	17.1	4.8	2.1	15.8	11.9	27.8	536	70.1	24.4	1.09
油菜秸	8.7	1.4	19.4	15.2	2.5	4.4	5.8	8.5	38.1	442	42.7	18.5	1.03
花生秸	18.2	1.6	10.9	17.6	5.6	1.4	27.9	9.7	34.1	994	164	26.1	0.60
棉　秆	12.4	1.5	10.2	8.5	2.8	1.7		14.2	39.1	1 463	54.3		

（2）主要农作物秸秆的品质。对碳氮比（C/N）小的秸秆，提供速效养分好，但有机质残留少；反之，C/N大的秸秆，养分释放缓慢，但腐殖系数高，有机质残留多，对改善土壤物理性状有利。一般认为，C/N在20～25的秸秆，增产、肥田和改土效应都能兼顾。各种豆秸、花生秸的C/N在25～30，含氮量比较高，是秸秆中品质最好的一种。但豆秸、花生秸、薯类藤应粉碎后作饲料，过腹还田，或经处理后做有机肥原料，经济效果会更好。

各种农作物秸秆按有机肥料品质分级（表46），红薯藤、大豆、绿豆、花生等作物的秸秆品质为二级，而其余均属三级。

表 46 主要农作物秸秆品质评价

秸秆种类	粗有机物		N		P		K		总分	级别
	克/千克	分数	克/千克	分数	克/千克	分数	克/千克	分数		
稻　草	813	25	9.1	24	1.3	6	18.9	12	67	3
小麦秸	830	25	6.5	24	0.8	3	10.5	12	64	3
大麦秸	925	25	5.6	24	0.9	3	13.7	12	64	3
玉米秸	871	25	9.2	24	1.5	6	11.8	12	67	3
豆　秸	896	25	18.1	32	2.0	6	11.7	12	75	2
油菜秸	850	25	8.7	24	1.4	6	19.4	12	67	3
花生秸	886	25	18.2	32	1.6	6	10.9	12	75	2
向日葵	920	25	8.2	24	1.1	6	17.7	12	67	3
甘薯藤	834	25	23.7	32	2.8	6	30.5	12	79	2
绿豆秸	854	25	15.8	32	2.4	6	10.7	12	75	2
高粱秸	796	20	12.5	24	1.5	6	14.2	12	62	3
谷子秸	933	25	8.2	24	1.0	6	17.5	12	67	3

（3）秸秆有机肥的生产方法。秸秆还田的方法有多种，大多农户可自行处理，本书不再介绍，以下介绍工厂化利用秸秆生产商品有机肥的方法。

①原料预处理

铡碎：将秸秆用铡草机切为 3～5 厘米的碎段。

润湿：将铡碎的秸秆用水润湿，加水量为原料湿重的 60%～75%。

调碳氮比：将湿润后的秸秆碎段加尿素，调碳氮比为 25∶1 为宜。

调酸碱度：在上述物料中用石灰或草木灰调 pH6.5～8，一般用石灰 2%～3%或草木灰 3%～5%。

加入菌剂：将生物菌剂与物料混合均匀，进行发酵腐熟处理，使秸秆中的纤维素等物质分解，制成质量较好的有机肥。加菌量按使用的菌种说明书中规定的量添加。

发酵：处理秸秆，可选用堆放式或槽式、塔式等发酵设施。目前采用自走式多功能翻抛机（兼有喷菌、粉碎、混料功能）进行秸秆发酵处理，具有易操作、功能效高等特点。在发酵过程中，需进行通气供氧、翻堆、加液、温控、湿控等工作。

②生产工艺

小型有机肥料厂的一般生产工艺：

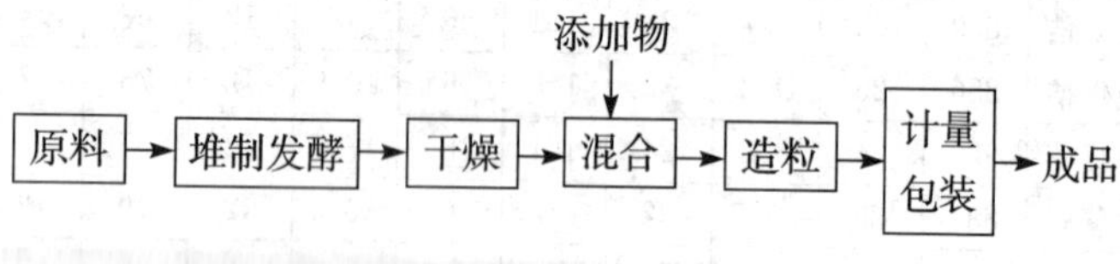

大、中型有机复混肥料厂的一般生产工艺：

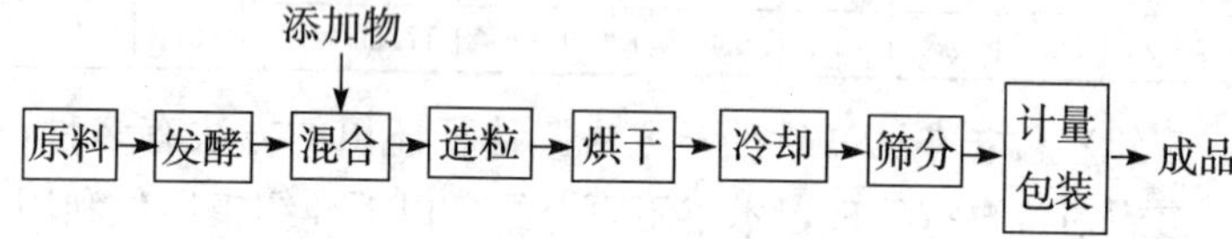

（4）秸秆肥的施用。秸秆肥中含有作物所需的各种营养元素，是补充耕地有机质的主要来源，对改善土壤理化性状、提高土壤有机质含量、提高土壤肥力有显著作用，适用于各种土壤、各种作物。有机肥肥效持久，宜做基肥施用，结合深耕翻土，有利于土肥相融，提高肥效。一般每亩施用商品有机肥150～300千克。与化肥配合施用，可缓急相济，互为补充，从而提高作物产量。

2. 饼肥

饼肥是含油的种子经提取油分后的渣粕，作肥料用时称为饼肥。饼肥含有丰富的营养成分，这类资源一般提倡过腹还田或综合利用。但需注意的是，有些饼粕含有毒素，如棉籽饼含有棉酚，茶籽饼含皂素，桐籽饼含有桐酸和皂素等，不易作饲料。

我国饼肥种类较多，主要有大豆饼粕、花生饼、芝麻饼、菜籽饼、棉籽饼、茶籽饼等。农民一般将其作为优质有机肥施于瓜果、果树、花卉等经济价值较高的作物。

（1）饼肥的性质。我国的饼肥中含有机质75%～85%、氮1.11%～7.00%、五氧化二磷0.37%～3.00%、氧化钾0.85%～2.13%，还含有蛋白质及氨基酸、微量元素等。菜籽饼和大豆饼中还含粗纤维6%～10.7%、钙0.8%～11%、胆碱0.27%～0.70%。此外，还有一定数量的烟酸及其他维生素类物质等。

主要饼肥的养分含量见表47。

表47　常见饼肥养分含量参考值（%）

种类	N	P_2O_5	K_2O	种类	N	P_2O_5	K_2O
大豆饼	7.00	1.32	2.13	大麻饼	5.05	2.40	1.35
芝麻饼	5.80	3.00	1.30	柏籽饼	5.16	1.89	1.19
花生饼	6.32	1.17	1.34	苍耳籽饼	4.47	2.50	1.47
棉籽饼	3.41	1.63	0.97	葵花籽饼	5.40	2.70	—
棉仁饼	5.32	2.50	1.77	大米糠饼	2.33	3.01	1.76
菜籽饼	4.60	2.48	1.40	茶籽饼	1.11	0.37	1.23
杏仁饼	4.56	1.35	0.85	桐籽饼	3.60	1.30	1.30
蓖麻籽饼	5.00	2.00	1.90	花椒籽饼	2.06	0.71	2.50
胡麻饼	5.79	2.81	1.27	苏子饼	5.84	2.04	1.17
椰子饼	3.74	1.30	1.96	椿树子饼	2.70	1.21	1.78

饼肥中的氮以蛋白质形态存在，磷以腐植酸及其衍生物

和卵磷脂等形态存在，钾大都是水溶性的。饼肥是一种迟效性有机肥，必须经微生物分解后才能发挥肥效。

饼肥含氮较多，碳氮比（C/N）较低，易于矿质化。由于含有一定量的油脂，影响其分解速度。不同饼肥在嫌气条件下的分解速度不同，芝麻饼分解较快，茶籽饼分解较慢。

土壤质地也影响饼肥的分解及氮素的保存。沙土有利于分解，但保氮较差；黏土前期分解较慢，但有利于氮素保存。

（2）饼肥的合理施用。饼肥是优质的有机肥料，具有养分完全、肥效持久、优化作物根际生态环境的作用，适用于各种土壤和多种作物，尤其对瓜果、花卉、棉花、烟叶等经济作物，能显著提高产量，改善品质。

饼肥可作基肥、追肥施用。作基肥时，不需腐熟，粉碎后可直接施用，一般在播种前2～3周施入，翻入土中，以便充分腐熟。饼肥不能在播种时施用，因其在土中分解会产生高温或生成各种有机酸，对种子发芽及幼苗生长不利。饼肥用作追肥时，应该经过腐熟，有利于作物吸收利用。饼肥发酵一般采用与堆肥或厩肥混合堆积的方法，或用水浸泡数天即可，施用时可在作物旁开沟条施或穴施，用量一般为每亩施50千克左右。

饼肥直接施用时，应拌入适量的杀虫剂，以防招引地下害虫。

3. 泥炭

泥炭又称草炭、泥煤、草煤、草木炭、泥炭、泥炭土等，在我国分布较广，但蕴藏量各地不一。泥炭是古代低湿地带生长的植物，长期大量的残体堆集，在积水条件下经过千万年的变化，由未完全分解的植物残体形成有机物层。泥炭一般含有机质40%～70%、腐植酸20%～40%、全氮

(N) 1.2%～2.3%、全磷 (P_2O_5) 0.1%～0.49%、全钾 (K_2O) 0.2%～0.59%，碳氮比 10～20，pH4.5～6，还含有中量元素和微量元素，是一种重要的有机肥源。

(1) 直接作基肥。选择分解程度高、养分含量高而酸度较小的泥炭，挖出后经适当晾晒，使其还原性物质得以氧化，粉碎后直接作基肥施用。与化肥混合施用可提高肥效。

(2) 泥炭垫圈。泥炭吸水、吸氨性强，用作垫圈材料可以改善牲畜卫生条件，保存粪尿液中的养分，收集后制成优质圈肥。

(3) 泥炭堆肥。将泥炭与粪尿肥或其他有机物料制成堆肥，粪尿肥能提供有效氮，为微生物分解有机质创造条件，加速泥炭的熟化。

(4) 制造复混肥料。由于泥炭含有大量腐植酸，其速效养分较少，生产中常将泥炭与碳铵、磷钾肥、微量元素肥料等制成粒状或粉状复混肥料，提高肥效。

(5) 制营养钵肥。泥炭有一定黏结性和松散性，并有保水、保肥和通气、透水等特点，有利于幼苗根系生长，生产上常将泥炭制成营养钵。在制作营养钵时，先调节泥炭酸度，再加其他肥料及适量水分后，压制而成。

(6) 作微生物肥料的载体。在微生物菌剂生产中，用泥炭作为菌剂载体。将泥炭风干后粉碎，调节成适宜的酸碱度，灭菌后与菌剂混配制成各种微生物菌肥。

八、专用型复混肥料的配方设计

专用型复混肥料是根据不同作物的特性和土壤特点进行科学配方、设计生产的肥料。它适合于特定的作物，其肥效及肥料利用率最高，是农业科学施肥、配方施肥的新成果。

专用型复混肥生产，关键是肥料配方设计。与其他复合肥生产一样，配方是工厂生产的依据。由于农作物种类多，土壤的情况更是千变万化，要因地制宜，因时制宜，因不同作物配制出不同的专用型复混肥料，必须对配方设计的基本方法、生产的基本规律有所了解。下面介绍一些有关专用型复混肥料配方的基本知识。

（一）配方参数和计算方法

1. 单位养分需求量

单位养分需求量，指形成100千克经济产量作物所需吸收的氮、磷、钾数量，主要作物的单位养分需求量见表48。

表48 主要作物的单位养分需求量

作　物	收获物	形成100千克经济产量吸收的氮、磷、钾数量（千克）		
		氮（N）	磷（P_2O_5）	钾（K_2O）
水　稻	籽粒	2.10～2.40	0.90～1.30	2.10～3.30
冬小麦	籽粒	3.00	1.25	2.50
春小麦	籽粒	3.00	1.00	2.50
大　麦	籽粒	2.70	0.90	2.20
荞　麦	籽粒	3.30	1.60	4.30
玉　米	籽粒	2.57	0.86	2.14
谷　子	籽粒	2.50	1.25	1.75
高　粱	籽粒	2.60	1.30	3.00
甘　薯	鲜块茎	0.35	0.18	0.55
马铃薯	鲜块茎	0.50	0.20	1.06
大　豆	籽粒	7.20	1.80	4.00
豌　豆	籽粒	3.09	0.86	2.86
花　生	果荚	6.80	1.30	3.80

（续）

作　物	收获物	形成 100 千克经济产量吸收的氮、磷、钾数量（千克）		
		氮（N）	磷（P_2O_5）	钾（K_2O）
棉　花	菜籽	5.00	1.80	4.00
油　菜	籽粒	5.80	2.50	4.30
芝　麻	纤维	8.23	2.07	4.41
大　麻	块根	8.00	2.30	1.10
甜　菜	茎	0.40	0.15	0.60
甘　蔗	茎	0.19	0.07	0.30
黄　瓜	果实	0.40	0.35	0.55
架芸豆	果实	0.81	0.23	0.55
茄　子	果实	0.30	0.10	0.40
番　茄	果实	0.45	0.50	0.50
胡萝卜	块根	0.31	0.10	0.50
萝　卜	块根	0.60	0.31	0.50
甘　蓝	叶球	0.41	0.05	0.38
洋　葱	鳞茎	0.27	0.12	0.23
芹　菜	全株	0.16	0.08	0.42
菠　菜	全株	0.36	0.18	0.52
大　葱	全株	0.30	0.12	0.40
柑　橘	果实	0.49	0.15	0.60
梨	果实	0.47	0.23	0.48
柿	果实	0.59	0.14	0.54
葡萄（玫瑰香）	果实	0.60	0.30	0.72
苹果（国光）	果实	0.30	0.08	0.32
桃（白凤）	果实	0.48	0.20	0.76

2. 化肥利用率

化肥利用率是指化肥施用后作物当季可吸收的数量占总养分量的百分比。计算方法采用差减法。

$$\text{化肥利用率}(\%)=\frac{\text{施肥区作物吸收该养分的数量}-\text{不施肥区作物吸收该养分的数量}}{\text{施肥量}}\times 100\%$$

施肥区作物吸收该养分的数量和不施肥区作物吸收该养分的数量一般通过田间小区试验获得。表 49 为常用肥料的利用率。

表 49 肥料当年利用率（%）

氮肥	利用率	磷肥	利用率	钾肥	利用率
硫铵、硝铵、尿素	水田 20～50	钙镁磷肥	水稻 8～25 小麦 6～26 玉米 10～23	硫酸钾	根类、豆科作物 50～60
碳铵、氯化铵、氨水	旱田 40～60	普钙	豆科类 15～30 根类作物 10～20	氯化钾	禾谷类作物 50～70

3. 目标产量

目标产量以当地三年产量的平均数为基础，乘以相应的系数。一般粮食作物乘以 1.1～1.25，经济作物乘以 1.2～1.4。

4. 土壤养分供应量

首先测定土壤中有效养分的含量。土壤速效养分为土壤中可为作物吸收利用的部分或作物吸收良好的养分形态，速效养分的含量即可视为土壤可提供给作物的养分量。按每公顷 2 350 吨表土计算如下：

土壤养分供应量＝土壤速效养分测定值×2 350（吨/公顷）

（二）配方计算实例

在碱解氮（N）50 毫克/千克、速效磷（P_2O_5）20 毫克/千克、速效钾（K_2O）80 毫克/千克的土壤条件下，产量目标为 500 千克的水稻专用肥配方计算过程如下。

1. 计算生产 500 千克稻谷所需要吸收氮、磷、钾的量

查表 48 可知，每生产 100 千克稻谷所需要的 N、P_2O_5、K_2O 量大致为 2.1～2.4、0.69～1.3、2.1～3.3 千克。由于产量越高，形成单位产量所需的养分就越多，目标产量为 500 千克属于高产量，故计算养分需求量时均按上限计算。则产量为 500 千克需要的养分量分别为：

$$N=500\times2.4/100=12\text{ 千克}$$

$$P_2O_5=500\times1.3/100=6.5\text{ 千克}$$

$$K_2O=500\times3.3/100=16.5\text{ 千克}$$

2. 土壤可供给养分的数量

已知该土壤碱解氮（N）含量为 50 毫克/千克、速效磷（P_2O_5）为 20 毫克/千克、速效钾（K_2O）为 80 毫克/千克，则每亩土壤能提供的养分量为：

$$N=150\,000\text{ 千克}\times50\text{ 毫克/千克}\times10^{-6}=7.5\text{ 千克}$$

$$P_2O_5=150\,000\text{ 千克}\times20\text{ 毫克/千克}\times10^{-6}=3.0\text{ 千克}$$

$$K_2O=150\,000\text{ 千克}\times80\text{ 毫克/千克}\times10^{-6}=12.0\text{ 千克}$$

3. 肥料的供肥量

生产 500 千克水稻对养分的需求量减去土壤可供给的养分量，即是需要肥料提供养分的量。需要通过施肥提供三要素的量分别为：

$$N=12-7.5=4.5\text{ 千克}$$

$$P_2O_5=6.5-3.0=3.5\text{ 千克}$$

$$K_2O=16.5-12.0=4.5\text{ 千克}$$

如果土壤供肥量大于作物吸收量，表明土壤该养分的供肥能力较大，可不使用该养分或酌情减少该养分的量。

4. 根据欲选用肥料的当季利用率，校准不同的量

按水田氮肥的平均利用率为45%，磷肥利用率累计也可达到50%以上，氯化钾的利用率为70%计算，则配方中各养分的量为：

$$N=4.5\div45\%=10.0 \text{ 千克}$$

$$P_2O_5=3.5\div50\%=7.0 \text{ 千克}$$

$$K_2O=4.5\div70\%=6.4 \text{ 千克}$$

这样，在该土壤条件下，目标产量为500千克的水稻专用肥的配方为：10-7-6，其$N:P_2O_5:K_2O$为1∶0.7∶0.6。

（三）专用型复混肥料的剂型与使用方式

专用型复混肥料可分为粉粒、颗粒、液体三种剂型。施用方式分为基肥、种肥、追肥（包括冲施和叶面喷施）等。由于它们的作用不同，其特点也不一样。

1. 基肥

基肥也叫底肥，是在作物播种或定植前施用的肥料。基肥一般有以下特点：①常常是结合土壤耕翻时施用；②主要是施用有机肥料与专用肥料的混合肥料，有时也可以配合少量化肥；③肥料施得比较深；④专用型基肥的肥效持续时间长。基肥中的有机肥料是通过土壤微生物的作用，使有机肥料中的有机态养分逐渐分解释放出速效性养分，供作物吸收利用，特别是满足作物中后期对养分的需要有重要作用。

2. 种肥

种肥是在作物播种或移栽时施于距种子或秧苗比较近的肥料。种肥的作用是解决苗期营养不足，其特点是用量少，见效快。对肥力较低的农田，种肥是一种经济有效的施肥方式。不是所有的化肥都可以作种肥，也不是各类土壤都要施种肥。一般肥地养分含量高，种肥的效果不如瘦地好。在机施的情况下，用专用型复混肥作种肥时一定要做到“肥种分沟”，以免烧苗。

3. 追肥

追肥是在作物生长期内施用的肥料，也是重要的施肥方式之一。追肥可以及时满足作物对养分的最大需要，其特点是施用要及时，速效性，肥料用量比较大。追肥的次数不是越多越好，而是要抓住关键时期，一般应在作物生长旺盛的时候追肥，如小麦在拔节—孕穗期，玉米在大喇叭口期，棉花在花铃期，因为这时正是作物吸肥高峰，需肥较多，所以追肥的效果非常好。

基肥、种肥和追肥三种施肥方式对争取作物优质高产很重要，施肥的要点是掌握它的灵活性。比如，华北两熟地区种夏玉米时要抢种，来不及施基肥；肥地因为土壤养分含量高，可以不施种肥；干旱少雨地区肥料可以一次性作基肥施用。总之，三种施肥方式要灵活掌握，不必强求一致，但不可都用一次性施肥方式，有灌排条件的地区，还是分期施肥效果好。

（四）专用型复混肥料的应用效果

试验表明，在等养分情况下，经济作物施用粒状专用型复混肥较粉状肥增产更显著。烤烟亩增产 7.5 千克，产投比 5.59；苎麻亩增产 6.7 千克，产投比 15.15；棉花亩增产 9.4 千克，产投比 3.12。专用型复混肥对提高产品质量也有作用，水稻出米率增加 0.8%，麻类纤维拉力增加 9.45 千克/克，麻皮长度、棉花衣分和纤维长度增加。

烤烟施用专用型复混肥的增产作用，主要表现在植株高度、茎粗、腰叶长宽、有效叶片数增加。棉花主要表现在株高、果枝数、结铃数、百铃重均增加，蕾铃脱落率降低。麻类作物主要表现在植株高度、茎粗、出麻率增加。

九、专用型复混肥料的生产工艺

专用型复混肥料的生产方法很多，其生产工艺也有所不同。根据作者多年来对专用型复混肥的研究开发和生产经验，介绍两种剂型的专用复混肥料的生产工艺流程。

（一）喷施、冲施专用型复混肥料生产工艺流程

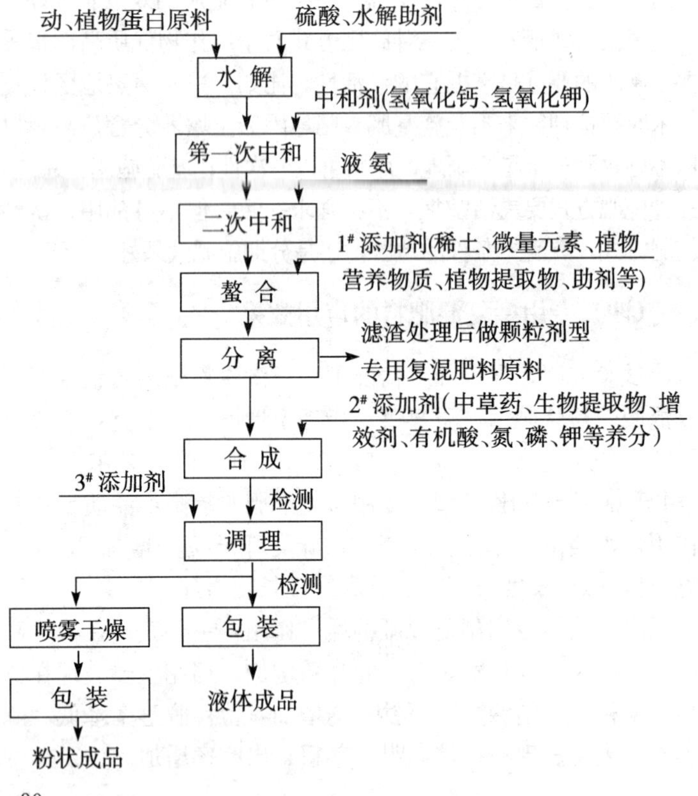

(二) 基施、追施颗粒剂型专用复混肥料生产工艺流程

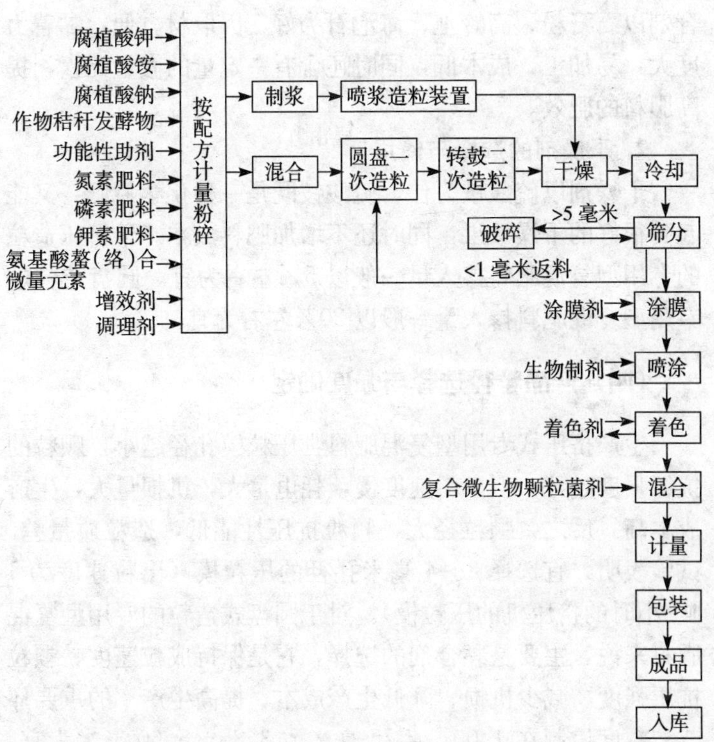

(三) 黏合剂、干燥剂的选择与使用

1. 黏合剂的选择与使用

经多年的生产经验表明，如黏合剂用量太多，会相应减

少化肥和有机物料的含量，使养分指标不易达到标准，使用时溶解度降低。如用量过少，则造粒时会出现颗粒强度不够、不光滑、易散、粉末过多等现象，抗压强度难达标，贮藏性差，外观性差。黏合剂的掺入比例以5%左右为宜。黏合剂以石膏粉、高岭土、海泡石为好，因取材方便，黏着力度大，易加工，成本低，同时还含有一定量的微量元素，提高肥料的肥效。

2. 干燥剂的选择与使用

干燥剂以硫酸铵为佳。硫酸铵既是一种化学氮肥，又能起到很好的干燥效果，同时还不增加肥料成本。干挤压造粒的专用型复混肥料掺入量一般以5%左右为宜。圆盘造粒的专用型复混肥料掺入量一般以20%左右为宜。

（四）产品粒径选择与强度确定

生产挤压式专用型复混肥料，压粒模孔径越小，颗粒的抗压强度越好，但出料速度慢，耗电量大，机损量大，生产成本高。反之，颗粒径大，颗粒抗压性能低，造粒质量差。试验表明，宜选择3～4毫米孔径的压粒模（出粒速度为1吨/小时的挤压机的压粒模）。对于圆盘式造粒的专用型复混肥料来说，主要是黏合剂的选择，它是保持成粒速度、颗粒抗压强度、减少机损、降低生产成本、提高生产率的重要环节。粒度控制在1.00～4.75毫米或3.35～5.60毫米为宜。经验表明，专用型复混肥料加工原料配比中加入硫酸铵，再加入尿素，一般均能达到较理想的效果。

中华人民共和国复混肥料标准GB 15063－2001技术要求明文规定：复混肥料颗粒粒度（1.00～4.75毫米或3.35～5.60毫米）高、中浓度产品≥90%；低浓度产品≥

80%，颗粒强度不考核。作为生产通用型或专用型复混肥料的厂家，以颗粒粒度（2.5～4.5毫米）100%、强度≥10牛顿（N）作生产控制指标。外观均一，强度够，可以避免因小颗粒或粉尘在堆置、搬运、贮存中引起的“晶桥”结块现象，有利于企业产品销售形象。

（五）有关添加剂的说明

1. 生物制剂

生物制剂是北京泽农生化科技有限公司的专利技术，包括植物提取物、有益菌代谢物、发酵提取物、氨基酸衍生物等，具有防止病虫危害、促进作物健壮生长、提高作物抗逆、抗寒和抗旱能力等功能。

2. 增效剂

增效剂是北京泽农生化科技有限公司的非专利技术，是由天然物质经生化处理提取的活性物质和氨基酸肽等活性物质，可提高肥料利用率，促进作物提高产量和品质。

3. 调理剂

调理剂是指专用型复混肥料生产中加入的功能性物质，如沸石、硅藻土、凹凸棒粉、石膏粉、海泡石、高岭土等。

（六）生产专用型复混肥料应注意的问题

1. 专用型复混肥料的生产投料参数

在生产中准确计算各种原料的投料数量，对专用型复混肥料的生产至关重要。本书所列举的各种作物的专用型复混肥料配方，在实际生产中还应根据原料有效成分含量的差异和生产中的损耗等因素计算、调整原料的用量。一般情况下，按书中所例举的配方中原料及辅料用量再加6%左右，即可使产品的养分指标达到较为理想的范围。

2. 有关专用型复混肥料的针对性问题

专用型复混肥料一定要根据所种植的作物需肥特性，结合土壤肥力、供肥保肥性能、农户施肥习惯及作物生长环境、气候、光照、雨量等条件，确定大量营养元素（N、P_2O_5、K_2O）的比例和用量，添加中、微量元素种类和数量。施用范围和地区不宜太大，也不宜过小，具有较强的针对性，做到企业、经销商、农户均有较高的经济效益。

3. 专用型复混肥料的实用性

在满足作物生长发育过程中对大、中、微量元素及有益物质的需求情况下，尽可能地生产高浓度专用型复混肥料，不要为了节省流通经营费用而刻意追求高浓度专用型复混肥料。多元素烟草专用型复混肥料就比等量 N、P_2O_5、K_2O 烟草专用肥料效果更好。研究欧、美、日等发达国家施肥情况，其国内也是以中、低浓度的专用型复混肥料施用为主。

不要刻意追求全元素专用型复混肥料的配制和生产。在专用型复混肥料中不是营养元素越全，效果就越高。若土壤中作物生长发育所需的养分元素丰富，或作物生长发育过程中禁忌的营养元素，在专用型复混肥料中不要配入，否则不仅造成浪费，而且产生副作用，造成减产、中毒、品质下降，有的甚至影响到下季作物正常生长发育。

不要刻意追求颗粒肥料在数分钟内迅速崩解（俗称“速溶”）以及养分速效。作物生长发育需要经历一定的时间才能完成。生产专用型复混肥料，其颗粒中的养分和有益物质应基本按作物生长发育过程需要的规律释放，避免流失浪费，降低经济效益。

4. 专用型复混肥料的原料“可配性”及“塑性”

生产中使用的原料应注意其“可配性”，避免不相配伍的原料同时配伍。微量元素和稀土应尽量采用氨基酸螯合，避免某些元素间相互拮抗。如稀土元素与有效 P_2O_5 间的拮抗。当需要两种不相配伍的原料来配伍成专用型复混肥料时，应尽量将该两种原料分别进行预处理，使用某几种惰性物质将其隔离，不相互直接接触，便于粒化，或将其分别包裹、粒化制成掺混型专用复混肥料。当配伍的原料都不具塑性时，除采用能带入营养元素并能与原料中一种或几种发生化学反应而有益于团粒外，黏结剂要选用能改良土壤的酰胺类，或采用在土壤内经微生物细菌作用能完全降解的聚乙烯醇之类的高分子化合物。

5. 专用型复混肥料的经营应作好“农化服务”工作

生产厂生产的专用型复混肥料在内、外质量俱佳的情况下，正确的施用方法是发挥其功能的最好途径。正确的施用方法包括施用时期、施用次数、施用部位及施用量。专用型复混肥料用量、深度、深施加面施，对作物产量、产值及农户收益都有直接的影响。施用部位不当，不仅发挥不了专用型复混肥料的功能，还会造成农业损失，因为专用型复混肥料与作物根系直接接触时，会造成幼苗死亡。因此，企业应作好“农化服务”工作，要求科技人员和销售人员要会使用本企业的产品，教会经销商并共同去指导农户施肥。企业科技人员和销售人员应与经销商及农户共同商议，或与农业科研部门相结合，找出并应用科学合理的施肥方法。使用专用型复混肥料并非一劳永逸，而是每年每季要会同农业科技人员、经销商（最好是农科部门）、农户等一同观察、总结、改进、完善配方，降低生产成本，提高肥效，不断提高企业、经销商、农户的经济效益。

（七）生产专用型复混肥料的主要设备简介

随着科学施肥和农化服务的普及推广，专用型复混肥料的生产也得到了发展。专用型复混肥料的生产工艺过程主要有原料粉碎→混合→造粒→烘干→冷却→筛分→计量→分装→产品入库等。相对应的生产设备主要有粉碎设备、混合设备、造粒设备、干燥设备、筛分设备、输送设备和计量包装设备等。液体肥料和叶面喷施肥料生产设备主要有混合反应设备、过滤设备、灌装设备等。至于生产设备的型号、数量及附属设备等，应视生产规模大小而定，这里不作详细叙述。

1. 粉碎设备

专用型复混肥料生产中，根据生产工艺条件，要求对原料进行粉碎，提高混料时的均匀性，以利造粒。本生产工艺选用DMT型锤滚式粉碎机，适用于磷铵、尿素及混合物的粉碎。

2. 混合设备

在专用型复混肥料的生产中，物料混合的均匀度直接影响产品的质量和施用效果。专用型复混肥料生产量较大，应选用转鼓式混合机或卧式螺旋带混合机。

3. 造粒设备

专用型复混肥料的粒化是干粉造粒工艺的重要工序，它关系到产品的质量和生产成本，这与造粒设备的形式和机械性能有密切关系。专用型复混肥料由有机—无机等多元素组成，生产工艺采用圆盘式造粒机和转鼓式造粒机相结合使用，先经圆盘式进行第一次造粒，再送入转鼓造粒机进行第二次造粒，形成的肥料颗粒均匀漂亮；也可选用喷浆造粒机，但对有机成分的细度和数量有一定的要求。

4. 干燥设备

由造粒机出来的颗粒肥料含有高于产品要求的水分，需要进行干燥处理，以使肥料含水率达到国家肥料标准。目前国内常用的干燥设备为直接传热的回转干燥机和喷雾干燥塔。一般中、小规模生产厂采用回转干燥机，大型厂可采用喷雾干燥塔。

5. 冷却设备

肥料经干燥机烘干后，温度仍然较高，需经冷却，以防吸湿结块，影响产品质量，一般生产工厂仍采用回转式冷却机，也可采用沸腾冷却器。

6. 筛分设备

产品标准粒度有一定的要求，生产中需有筛分工序，生产中应用的筛分设备主要有电磁振动筛、电机振动筛、往复筛或滚筒筛、振网筛等。生产中 ZWS 型振网筛和圆锥滚筒筛应用较多。

7. 尾气处理设备

专用型复混肥料生产中，造粒、干燥等工序中产生粉尘粒子（称为“尾气”），需净化后排空。常用的尾气处理设备有袋式除尘器、回转反吹扁袋除尘器、文丘里洗涤器等。

8. 产品调理设备

为减少颗粒肥料的结块，经筛分后的肥料颗粒需用包裹剂进行包裹，采用的设备为包裹筒。包裹筒内中段壳体焊有矩形断面的条纹抄板，液油喷嘴从转筒端部伸入筒内进行喷洒，包裹剂（如硅藻土、高岭土、钙镁磷肥等）则由螺旋加料器送入筒内，包裹筒在转动时将肥料颗粒包裹一层坚硬的外壳，制得的成品颗粒外观良好，适于贮存和施用。

包裹筒生产能力25吨/小时，筒体规格为直径1 800毫米×长4 800毫米；生产能力为45吨/小时，筒体规格为直径2 200毫米×长5 700毫米；生产能力为45～60吨/小时，筒体规格为直径2 400毫米×长8 000毫米。

9. 计量设备

（1）圆盘给料机。圆盘给料机是一种使用广泛的连续式容积加料设备，能将物料均匀连续输送到下一台设备中去，给料是可调的，适用于生产中输送颗粒或混合肥料。常用的吊式圆盘给料机按照盘面上的给料套筒有敞开式（DK型）和封闭式（DB型）两种；拖动电机有Y系列异步电动机和JZt系列电磁调速电动机供选用。

（2）电脑调速秤。电脑调速秤是一种由输送带承载物料，在工作过程中进行动态连续计量，并能收发相应控制信号的智能化自动衡器，广泛用于各种粉末状和散粒状物料的输料计量和连续定量控制。常用的有ICS—Dt电脑调速秤，由皮带秤体、荷重传感器、测速传感器、调速器、控制仪表等主要部件组成。

10. 包装设备

（1）ZDC型包装机。适用于自流性较好的散装粉状、粒状物料的定量称量包装。它与履带式输送机、卷边机、封包机等机械配套形成称量自动流水线。除人工套袋、导缝外，其余动作均能自动完成。其特点是由微机进行程序控制，性能稳定，工作可靠，包装效率高，计量准确，自动计数，粉尘少，操作简单，维护方便。

（2）DCS系列自动定量包装机。适用于粉尘多、黏度大、有腐蚀性的肥料产品。

(3) BFt-3 系列电脑自动定量包装机。本机为机、电、仪一体化产品，微电脑自动控制。

11. 输送设备

(1) 皮带输送机。输送距离可长可短，装配灵活，结构简单，操作方便，动力消耗低，在复混肥行业广泛应用。根据托辊的布置形式分为平型、V 型和槽型 3 种，主要由机头、机尾、机架、托辊、输送带等组成。

(2) 螺旋输送机。是一种依靠螺旋轴的旋转推进输送物料的设备。它可水平输送，也可倾斜输送（输送倾角≤20°），输送过程中能与外界隔离，密封性能好，适于单向输送各种粉状、粒状和小块状物料。螺旋输送机结构简单，维修使用方便，便于密封。其缺点是动力消耗大，粒状物料有一定的粉碎，螺旋和机壳有较大的磨损。

(3) 斗式提升机。是在复混肥料厂广泛应用的垂直运送的设备之一，常用的有 D 型斗式提升机和 HL 型斗式提升机。

12. 液体肥料生产的主要设备

液体肥料生产的主要设备有粉碎机、混合机、反应釜、过滤机、工业泵、不锈钢泥浆泵、各种原料贮槽（桶）、产品贮罐、灌装机、自动封包机等。

(1) 粉碎机。选用立式链条式破碎机和 SFJ 型万能粉碎机。

(2) 反应釜。一般选用 2 000 升搪瓷反应釜，带冷凝器、热加套、搅拌机。

(3) 过滤机。一般选用板框压滤机，具有处理量大、收率高等特点。也可选用离心过滤机。

(4) 贮槽（桶）。为不锈钢贮槽（桶），带液位计。

（5）产品贮罐。为锥形立式贮罐，材质为不锈钢或内衬防腐层。不锈钢或内衬防腐层带液位计。

（6）灌装设备。液体产品用 CZP－16G 微电脑直列式全防腐气动液体灌装机，配套全自动旋盖机和全自动不干胶贴标签机。粉状产品用 DXD－110C 型或 DXD－130B 型全自动智能化水平或复合膜袋装包装机。

（7）泵。工业泵、泥浆泵均为不锈钢或防腐材质泵。

（8）自动封包机。可根据产量情况选择全自动封包机。

下　篇

主要南方果树专用肥配方与施肥技术

一、柑橘树施肥技术与专用肥配方

(一) 柑橘树的需肥特点

柑橘为常绿果树，须根特别发达，主要分布在15～40厘米土层中。柑橘树一年多次抽梢，挂果时间长，结果量多，需肥量大。柑橘需氮和钾较多，一般是落叶果树的2倍。柑橘树新梢对氮、磷、钾的吸收春季开始逐渐增长。氮素不可施用过量，否则根部会受到伤害，夏季是枝梢生长和果实膨大时期，需肥量达到吸收高峰。秋季根系再次进入生长高峰，为补充树体营养，仍需大量养分。随着气温的降低，生长量逐渐减少，需肥量随之减少，入冬后吸收基本停止。果实对磷吸收高峰在8～9月份，氮、钾的吸收高峰在9～10月份，以后吸收趋于平缓。

据报道，每生产1 000千克柑橘果实，需吸收氮（N）6千克、磷（P_2O_5）1.1千克、钾（K_2O）4千克、钙（CaO）0.8千克、镁（MgO）0.27千克，其吸收比例为1∶0.2∶0.7。

(二) 柑橘树无公害施肥技术

根据柑橘的需肥特点以及树龄、树势、土壤供肥状况等因素确定合理的施肥量和施肥时期，结果树每年应施肥 4～5 次，其中一次为基肥，即采果肥，其他为追肥。

一般每亩产商品柑橘 3 000 千克的柑橘园，需施氮（N）25～30 千克、磷（P_2O_5）10～15 千克、钾（K_2O）25～28 千克，即施柑橘专用肥 170～212 千克。每亩产 3 500～5 000千克的柑橘园，应施氮（N）40～65 千克、磷（P_2O_5）30～45 千克、钾（K_2O）30～45 千克，即施柑橘专用肥 290～450 千克。

1. 幼树施肥

春、夏、秋梢抽生期施肥 4～6 次，顶芽枯至新梢转绿前喷施叶面肥，1～3 年幼树每株年施柑橘专用肥 4～6 千克，施肥量由少到多逐年增加。

2. 结果树施肥

按每生产 1 000 千克柑橘施优质有机肥 1 000～2 000 千克和柑橘专用肥 40～80 千克；秋肥（果前）施肥量占全年总量的 20%～40%；春肥（萌芽后开花前）施肥量占全年的 20%；夏肥（壮果肥）占全年施肥总量的 40%～60%。施肥结合浇水，是提高肥效的有力措施。

柑橘树施肥采用环状沟施为佳。

根外追肥可喷施农海牌氨基酸叶面肥，一般每 7～12 天喷施一次，对增强柑橘树的树势，增强抗逆能力，增高产量，提高柑橘质量有明显效果。

（三）柑橘树专用肥料配方

【配方Ⅰ】

氮、磷、钾三大元素含量为 30%的配方：

$$30\% = N\ 10 : P_2O_5\ 6 : K_2O\ 14 = 1 : 0.6 : 1.4$$

原料用量与养分含量（千克/吨产品）：

硫酸铵 100　N=100×21%=21

S=100×24.2%=24.2

尿素 160　N=160×46%=73.6

磷酸一铵 58　P_2O_5=58×51%=29.58

N=58×11%=6.38

过磷酸钙 190　P_2O_5=190×16%=30.4

CaO=190×24%=45.6

S=190×13.9%=26.41

钙镁磷肥 10　P_2O_5=10×18%=1.8

CaO=10×45%=4.5

MgO=10×12%=1.2

SiO_2=10×20%=2

硫酸钾 280　K_2O=280×50%=140

S=280×18.44%=51.63

钼酸铵 0.5　Mo=0.5×54%=0.27

七水硫酸锌 20　Zn=20×23%=4.6

S=20×11%=2.2

硝基腐植酸 100　HA=100×60%=60

N=100×2.5%=2.5

氨基酸 30

生物制剂 21

增效剂 10.5

调理剂 20

【配方Ⅱ】（柑橘专用肥料配方）

氮、磷、钾三大元素含量为35%的配方：

35%=N 11∶P_2O_5 9∶K_2O 15=1∶0.8∶1.36

原料用量与养分含量（千克/吨产品）：

硫酸铵 100　$N=100\times21\%=21$

$S=100\times24.2\%=24.2$

尿素 158　$N=158\times46\%=72.68$

磷酸一铵 139　$P_2O_5=139\times51\%=70.89$

$N=139\times11\%=15.29$

氨化过磷酸钙 150　$P_2O_5=150\times16\%=24$

$CaO=150\times24\%=36$

$S=150\times13.9\%=20.85$

$N=150\times3.5\%=5.25$

硫酸钾 300　$K_2O=300\times50\%=150$

$S=300\times18.44\%=55.32$

硼砂 15　$B=15\times11\%=1.65$

氨基酸螯合锌、锰、钼、铁、铜 17

硝基腐植酸 86　$HA=86\times60\%=51.6$

$N=86\times2.5\%=2.15$

生物制剂 15

增效剂 10

调理剂 10

【配方Ⅲ】（柑橘专用肥料配方）

氮、磷、钾三大元素含量为25%的配方：

$25\%=N\ 9:P_2O_5\ 7:K_2O\ 9=1:0.78:1$

原料用量与养分含量（千克/吨产品）：

硫酸铵 100　$N=100\times21\%=21$

$S=100\times24.2\%=24.2$

尿素 130　$N=130\times46\%=59.8$

磷酸一铵 68　$P_2O_5=68\times51\%=34.68$

$N=68\times11\%=7.48$

钙镁磷肥 200　$P_2O_5=200\times18\%=36$

$CaO=200\times45\%=90$

$MgO=200\times12\%=24$

$SiO_2=200\times20\%=40$

硫酸钾 180　$K_2O=180\times50\%=90$

$S=180\times18.44\%=33.19$

七水硫酸锌 20　$Zn=20\times23\%=4.6$

$S=20\times11\%=2.2$

钼酸铵 0.5　$Mo=0.5\times54\%=0.27$

硝基腐植酸 200　$HA=200\times60\%=120$

$N=200\times2.5\%=5$

氨基酸 39.5

生物制剂 30

增效剂 12

调理剂 20

二、香蕉树施肥技术与专用肥配方

（一）香蕉树的需肥特点

香蕉是多年生常绿大型草本植物，植株高大，生长快，产量高，对肥料反应敏感，需肥量大。据报道，中等肥力水平的香蕉园，每生产 1 000 千克香蕉果实约需吸收氮（N）9.5～21.5 千克、磷（P_2O_5）4.5～6 千克、钾（K_2O）21.2～22.5 千克。香蕉是典型的喜钾作物，对钙、镁的需求量也较高，氮、钙的吸收比例约为1∶0.69，氮、镁的吸收比例约为 1∶0.2。

香蕉在整个生长发育过程中，主要是营养生长期和孕蕾期及果实发育成熟期。孕蕾期前对氮需求量大，后期对磷、钾需求较多，香蕉是耐氯作物，施用含氯化肥不会对产量和品质产生不良影响。

（二）香蕉树无公害施肥技术

香蕉约需追肥 10～15 次，施肥次数较多，具体施肥时应根据蕉齿、土壤肥力、气候条件等具体情况调整施肥方案。一般香蕉的施肥量，每亩年施氮（N）20～51.4 千克、磷（P_2O_5）10～27 千克、钾（K_2O）40～86.5 千克。综合各地施肥量，平均每年每亩施氮（N）39 千克、磷（P_2O_5）15 千克、钾（K_2O）60 千克，吸收比例约为 1∶0.38∶1.54。如果按每亩种植香蕉 120～140 株，年产香蕉 2 000～4 000 千克计算，每年每亩需施含氮、磷、钾为 13∶5∶20 的香蕉专用肥 250～350 千克，平均每株用肥 3～6 千克。

施肥时期主要在 2 个阶段。定植至花芽分化前：即在定植或留芽后开始施肥，到花芽分化前应将占全年施肥量的 65%～75%。广东、广西地区一般分 3 次施用，即 2 月、4 月和植株形成“把头”时施肥。果实生长发育期：该阶段肥料用量约占全年施肥量的 25%～35%。广东、广西地区一般在田株果实发育时和 10 月下旬分 2 次施用。

对新植香蕉园，定植前应施足基肥，一般每株施优质有机肥 15～20 千克和香蕉专用肥 0.3～0.8 千克。多季香蕉的施肥量及施肥次数可比单季香蕉多 20%左右。肥料的施用方法多采用穴施法。

越冬蕉在 12 月至次年 1 月间应施基肥，每亩用一定量的有机肥配合部分化肥或专用肥。缩根蕉每年应施肥5次，分别在2月中旬、4月、6～7月、采收后和10月份进行，用于协调植株营养和增强植株抗逆能力。

（三）香蕉树专用肥料配方

【配方Ⅰ】

氮、磷、钾三大元素含量为38%的配方：

38%＝N 13：P_2O_5 5：K_2O 20＝1：0.38：1.54

原料用量与养分含量（千克/吨产品）：

硫酸铵 100　N＝100×21%＝21

S＝100×24.2%＝24.2

尿素 226　N＝226×46%＝103.96

磷酸二铵 28　P_2O_5＝28×45%＝12.6

N＝28×17%＝4.76

过磷酸钙 200　P_2O_5＝200×16%＝32

CaO＝200×24%＝48

S＝200×13.9%＝27.8

钙镁磷肥 30　P_2O_5＝30×18%＝5.4

CaO＝30×45%＝13.5

MgO＝30×12%＝3.6

SiO_2＝30×20%＝6

氯化钾 333　K_2O＝333×60%＝199.8

Cl＝333×47.56%＝158.37

硼砂 15　B＝15×11%＝1.65

氨基酸螯合钙、稀土、锌 11

生物制剂 20

增效剂 11

调理剂 21

【配方Ⅱ】

氮、磷、钾三大元素含量为30%的配方：

30%=N 8∶P_2O_5 2∶K_2O 20=1∶0.25∶2.5

原料用量与养分含量（千克/吨产品）：

硫酸铵 100　N=100×21%=21

S=100×24.2%=24.2

尿素 128　N=128×46%=58.88

过磷酸钙 120　P_2O_5=120×16%=19.2

CaO=120×24%=28.8

S=120×13.9%=16.68

钙镁磷肥 12　P_2O_5=12×18%=2.16

CaO=12×45%=5.4

MgO=12×12%=1.44

SiO_2=12×20%=2.4

氯化钾 333　K_2O=333×60%=199.8

Cl=333×47.56%=158.37

硼砂 15　B=15×11%=1.65

氨基酸螯合钙、稀土、锌 11

硝基腐植酸 150　HA=150×60%=90

N=150×2.5%=3.75

氨基酸 56

生物制剂 30

增效剂 12

调理剂 30

【配方Ⅲ】

氮、磷、钾三大元素含量为26%的配方：

26%=N 9∶P_2O_5 3∶K_2O 14=1∶0.33∶1.56

原料用量与养分含量（千克/吨产品）：

硫酸铵 100 N=100×21%=21

S=100×24.2%=24.2

尿素 144 N=144×46%=66.24

过磷酸钙 200 P_2O_5=200×16%=32

CaO=200×24%=48

S=200×13.9%=27.8

钙镁磷肥 20 P_2O_5=20×18%=2.6

CaO=20×45%=9

MgO=20×12%=2.4

SiO_2=20×20%=4

氯化钾 233 K_2O=233×60%=139.8

Cl=233×47.56%=110.81

硼砂 15 B=15×11%=1.65

氨基酸螯合铁、稀土、锌 12

硝基腐植酸 211 HA=211×60%=126.6

N=211×2.5%=5.28

生物制剂 20

增效剂 10

调理剂 30

三、荔枝树施肥技术与专用肥配方

（一）荔枝树的需肥特点

荔枝生长发育需 16 种必需的营养元素，从土壤中吸收最多的是氮、磷、钾。据报道，每生产 1 000 千克鲜荔枝果实，需从土壤中吸收氮（N）13.6～18.9 千克、磷（P_2O_5）3.18～4.94 千克、钾（K_2O）20.8～25.2 千克，其吸收比例约为 1∶0.25∶1.42，由此可见，荔枝是喜钾果树。荔枝对养分的吸收有 2 个高峰期，一是 2～3 月抽发花穗和春梢期，对氮的吸收量很多，磷次之；二是 5～6 月果实迅速生长期，对氮的吸收达到最高峰，对钾的吸收也逐渐增加，如果养分供应不足，易造成落花落果。每亩产 1 000 千克荔枝，需 N 13～16 千克、P_2O_5 6～9 千克、K_2O 17～21 千克、CaO 6～9 千克、MgO 3～6 千克。

（二）荔枝树无公害施肥技术

荔枝施肥以腐熟的优质有机肥为主，无机肥为辅。

1. 花前肥

花前肥主要是促进花芽分化，增加花量。成龄结果树在开花前 25～30 天施肥，一般每株施入腐熟的人畜粪尿 50～100 千克、荔枝专用肥 2.5～3 千克，或用氯化钾 1 千克、尿素 1 千克、磷肥 1 千克代替专用肥施用。在树冠滴水线两侧开沟施入，然后覆土。对结果多、树势较弱的树可适当增加施肥量。

2. 壮果肥

开花后至第二次生理落果前施入，不能迟于 5 月中旬。每株施腐熟的人畜粪尿等优质有机肥 50～100 千克、荔枝专用肥 2.5～3.5 千克或尿素 1 千克、氯化钾 1 千克、过磷酸钙 1～2 千克，对结果少的果园可以晚施或少施。

3. 促梢肥

荔枝的结果母枝主要是秋梢。树弱果多的应在采果前

10～15 天施促梢肥，树壮果少的树可在采果后 15 天左右施肥。如果是促二次秋梢，应在采果前 15 天内（晚熟品种在 6 月底，早熟树种在 5 月上旬）及时施用速效肥料，以促进第一次秋梢。在第一次秋梢转绿时，再施一次肥（早熟品种在 7 月，晚熟品种在 8 月），促第二次秋梢。每株每次施饼肥 2 千克、专用肥 1.5～2 千克或尿素 2 千克、腐熟的猪粪 100～150 千克。

4. 叶面喷肥

在荔枝树开始结果至采果前 20 天内，均可喷施农海牌氨基酸叶面肥，对提高荔枝品质和产量有明显的效果。

（三）荔枝树专用肥料配方

氮、磷、钾三大元素含量为 35％的配方：

$36\% = N16 : P_2O_5\ 5 : K_2O\ 14 = 1 : 0.31 : 0.88$

原料用量与养分含量（千克/吨产品）：

硫酸铵 100　$N = 100 \times 21\% = 21$

$S = 100 \times 24.2\% = 24.2$

尿素 270　$N = 270 \times 46\% = 124.2$

磷酸二铵 71　$P_2O_5 = 71 \times 45\% = 31.95$

$N = 71 \times 17\% = 12.07$

过磷酸钙 100　$P_2O_5 = 100 \times 16\% = 16$

$CaO = 100 \times 24\% = 24$

$S = 100 \times 13.9\% = 13.9$

钙镁磷肥 10　$P_2O_5 = 10 \times 18\% = 1.8$

$CaO = 10 \times 45\% = 4.5$

$MgO = 10 \times 12\% = 1.2$

$SiO_2 = 10 \times 20\% = 2$

氯化钾 233 $K_2O=233\times60\%=139.8$

$Cl=233\times47.56\%=110.81$

硼砂 15 $B=15\times11\%=1.65$

硫酸镁 29 $MgO=29\times16\%=4.64$

$S=29\times13\%=3.77$

氨基酸螯合锌、锰、铜、铁 16

硝基腐植酸 89 $HA=89\times60\%=53.4$

$N=89\times2.5\%=2.23$

生物制剂 20

增效剂 12

调理剂 30

四、脐橙树施肥技术与专用肥配方

（一）脐橙树的需肥特点

脐橙是多年生高产果树，每年从树上采摘大量果实时，就取走了从土壤中吸收转化贮藏于果实中的各种营养元素，而土壤中这些营养元素含量都有一定限度，若不及时加以补充，势必造成贫乏。土壤中某些必需元素尤其是大量消耗的元素供给不足时，就会影响树势、产量和果实品质；严重缺乏时，会引起各类缺素症状的发生，甚至植株死亡。因此，根据树龄、树势、物候期、产量状况、品质要求及土壤现状等不同条件产生的树体营养实际需要而进行的经济有效的施肥，是最有效的补充各类营养元素的措施。

脐橙所需的矿质营养与柑橘相同，其生长结果需要足够的养分供应，必要的营养元素有 16 种。按矿质元素的需要量，可分为大量元素（氮、磷、钾）中量元素（钙、镁、硫）和微量元素（硼、锌、铁、铜、锰、钼）。这些营养元素在脐橙生理上各有其重要作用，且元素间不能互为代替。据研究，每生产 1 000 千克脐橙鲜果需氮（N）4.5 千克、磷（P_2O_5）2.3 千克、钾（K_2O）3.4 千克，吸收比例为 1∶0.51∶0.76。

（二）脐橙树无公害施肥技术

1. 脐橙园施肥原则

综合土壤、树况、天气的不同情况及变化，采用腐熟有机肥与无机肥结合，以腐熟有机肥为主；氮、磷、钾三要素与其他营养元素结合，提倡叶片营养诊断、配方施肥；正确掌握施肥量、施肥时期和方法，提高肥料利用率，防止产生肥害。

2. 土壤施肥

条状沟施：在树冠滴水线外缘相对两侧开条状施肥沟，将肥料、土拌匀施入沟内，每次更换位置。

环状沟施：沿树冠滴水线外缘相对两侧开环状施肥沟，将肥料、土拌匀施入沟内，每次更换位置。

放射状沟施：在树冠投影范围内距树干一定距离处开始，向外开挖 4～6 条内浅外深、呈放射状的施肥沟，将肥料、土拌匀施于穴内，每次更换位置。

穴状施肥：在树冠投影范围内挖若干施肥穴，将肥料、土拌匀施于穴内，每次更换位置。

水肥浇施：腐熟有机肥兑水稀释后，浇施于树冠范围内。肥料可选用枯饼、人畜粪尿等，浇施前必须完全腐熟；水肥浇施须严格掌握肥料使用浓度，防止浓度过高造成肥害。以腐熟饼肥为例，建议使用浓度1%左右，最高不超过1.5%；有机水肥中可适当添加尿素、复合肥等速效化肥，化肥浓度应控制在0.5%以下。为防止根系上浮，成年大树每次水肥浇施量不少于50千克，幼树浇透为止。为减少水肥流失，使水肥能够深入渗透，也可于树冠滴水线外缘两侧开挖深15～20厘米的条壮或环状沟，水肥浇入沟内，待其完全下渗后，覆一层薄土，减少蒸发。如此多次使用后，最终将施肥沟完全填满。

3. 根外追肥

可在橙树春梢、秋梢转绿期，尤其是在果实膨大期喷施农海牌氨基酸叶面肥，每10天左右喷一次，也可喷施无机营养元素。常用根外追肥使用浓度：尿素0.2%～0.3%（尿素中缩二尿含量＜0.25）、硫酸锌0.2%、硫酸镁0.05%～0.2%、硼砂0.1%～0.2%、磷酸二氢钾0.2%～0.3%、钼酸铵0.05%～0.1%。采用根外追肥一是要注意严格控制使用浓度和肥料种类，二是切忌高温时节进行，以免灼伤叶、果表皮。

当年定植幼树施肥：当年定植的幼树，以保成活、长树为主要目的，但根系又不发达。施肥方法多采用勤施薄施，少量多次。从定植成活后半个月开始，至8月中旬止，每隔10～15天追施一次稀薄腐熟有机水肥加脐橙专用肥，秋冬季节结合扩穴改土适当重施一次基肥。

结果前幼树施肥：结果前的幼树，以扩大树冠为主要目的，为投产做准备。施肥以有机肥为主，适当增施氮肥，辅以磷、钾肥。施肥时期，每次新梢抽生前7～10天施促梢肥；新梢自剪后，追施1～2次壮梢肥；秋冬季深施一次基肥。具体的施肥量，促梢肥株施腐熟有机肥（或生物有机肥）1～1.5千克和脐橙专用肥0.2～0.3，基肥每株深施腐熟饼肥2～5千克和脐橙专用肥1～2.5千克。

初结果树施肥：初结果期脐橙树，既要继续扩大树冠，又要形成一定产量，因其结果母枝以早秋梢为主，故施肥要以壮果攻梢肥为重点，施肥量随树龄和结果量的增加而逐年增多。具体施肥量，春芽肥株施脐橙专用肥0.2～0.4千克；壮果攻秋梢肥株施腐熟饼肥（或生物有机肥）2～3千克和脐橙专用肥0.3～0.5千克；基肥每株深施腐熟饼肥2～5千克和脐橙专用肥1～2千克。

成年结果树施肥：成年脐橙园视施肥时间不同，全年施肥2～3次。一般采果后施基肥，2月中下旬至少3月上旬施芽前肥（也有的将基肥与芽前肥一同施用），6月下旬至7月上旬，施攻秋梢壮果肥。具体施肥量（以株产60千克以上的树为例）：基肥，株施腐熟有机肥（或生物有机肥）4～5千克和脐橙专用肥0.5～1.5千克；春肥，冬季已施用基肥的，以氮、磷为主，株施脐橙专用肥0.3～0.5千克；基肥与春芽肥一同施用的，以腐熟有机肥（或生物有机肥）为主，配合氮、磷、钾肥，株施腐熟有机饼肥或生物有机肥5～6千克和脐橙专用肥0.3～0.5千克。壮果肥，有机肥和无机肥深混施，株施腐熟饼肥（或生物有机肥）4～5千克和脐橙专用肥0.3～0.5千克。施肥方法，采用条状、放射状沟或环状沟施，沟深50～60厘米，沟底施入粗有机物（稻草、植物秸秆等）20～35千克，上层施入腐熟有机饼肥（或生物有机肥）3～5千克，脐橙专用肥0.5～1.5千克。无论脐橙幼龄树还是成年树，8月上旬以后，应当停止施入速效性氮肥，改用有机肥料，防止因氮肥过多抽生晚秋梢或影响果实着色。

（三）脐橙树专用肥料配方

氮、磷、钾三大元素含量30%的配方：

30%=N 13：P_2O_5 6.7：K_2O 10.3=1：0.52：0.79

原料用量与养分含量（千克/吨产品）：

硫酸铵 100　N=100×21%=21

S=100×24.2%=24.2

尿素 216　N=216×46%=99.36

磷酸一铵 62　P_2O_5=62×51%=31.62

N=62×11%=6.82

过磷酸钙 200　P_2O_5=200×16%=32

Ca=200×24%=48

S=200×13.9%=27.8

钙镁磷肥 20　P_2O_5=20×18%=3.6

CaO=20×45%=9

MgO=20×12%=2.4

SiO_2=20×20%=4

硫酸钾 206　K_2O=206×50%=103

S=206×18.44%=37.99

硼砂 15　B=15×11%=1.65

氨基酸螯合锌、锰、铁 15

硝基腐植酸 90　HA=90×60%=54

N=90×2.5%=2.25

氨基酸 20

生物制剂 20

增效剂 10

调理剂 21

五、龙眼树施肥技术与专用肥配方

（一）龙眼树的需肥特点

龙眼正常生长发育需要 16 种必需的营养元素，但从土壤中吸收最多的是氮、磷、钾。据报道，由于龙眼的栽培条件、土壤、气候、品种、产量、树龄、树势等不同，各地的施肥比例和施肥也不同，每生产 1 000 千克龙眼鲜果，需氮（N）4.01～4.8 千克、磷（P_2O_5）1.46～1.58 千克、钾（K_2O）7.54～8.96 千克，吸收比例为 1：0.28～0.37：1.76～2.15。另据福建亚热带植物研究所伊美等提出，亩产果 1 000 千克的龙眼园，每年施纯 N 20～25 千克、P_2O_5 10～15 千克、K_2O 20～27.5 千克、CaO 16～20 千克、MgO 8～10 千克。

龙眼树生长期长，挂果期短，不同阶段对营养元素的需求量也有不同。据研究，龙眼从 2 月开始吸收氮、磷、钾等养分，在 6～8 月出现第二次吸收高峰，11 月至来年 1 月下降。氮、磷在 11 月，钾在 10 月中旬即基本停止吸收。果实对磷的吸收从 5 月开始增加，7 月达到吸收高峰，龙眼在周年中吸收养分最多的时期是 6～9 月。

（二）龙眼树无公害施肥技术

龙眼的施肥原则与梨树相同。具体的施肥量和养分比例各地有所不同。据报道，龙眼每株全年施肥量，氮（N）0.46～0.86 千克、磷（P_2O_5）0.15～0.20 千克、钾（K_2O）0.4～1 千克，氮、磷、钾的比例为 1：0.3：1.1～

1.2。另据报道，广西龙眼成年树一般每株每年施氮（N）0.8～1.4千克、磷（P_2O_5）0.25～0.6千克、钾（K_2O）0.7～1.2千克；福建龙眼成年树每株每年施氮（N）0.83～1.64千克、磷（P_2O_5）0.6～0.73千克、钾（K_2O）0.94～1.47千克。另有报道，每生产100千克龙眼鲜果，需吸收氮（N）1.3千克、磷（P_2O_5）0.4千克、钾（K_2O）1.1千克。

龙眼树的施肥量和养分之间的比例，可根据龙眼树的需肥特点、目标产量、地力情况及树势、树龄等因素确定。

1. 幼年树施肥

幼苗定植肥：定植时，一般每株施优质有机肥20～50千克、龙眼树专用肥1～2千克或生石灰1千克、钙镁磷肥2千克，将肥料与表土混匀后分层施入定植穴中。

定植1个月后施肥：每株可用30%以内的腐熟人粪尿淋施在根际部位。以后每隔2～3个月施肥一次，全年施肥4～6次。1～2龄幼树，在植前1周每株施龙眼专用肥0.15～0.2千克或45%氮磷钾复合肥150～200克，以促进新梢生长和展叶。在新梢伸长基本停止、叶色由红转淡绿时，每株施腐熟清粪水加专用肥0.2～0.3千克，促进枝梢叶片转绿，提高光合作用。幼树施肥，应先稀后浓。随着树龄的增加逐渐提高浓度和施肥量，一般从第二年起，施肥量在前一年的基础上增加40%～60%。

定植2年后施肥：为促进幼龄树迅速生长，需扩穴施肥，每株分层施入腐熟的有机肥或生物有机肥30～40千克、生石灰1～1.5千克、龙眼专用肥1～2千克或磷酸二铵1～2千克，施后用土覆盖。追肥每年4～5次，每次每株施优质有机肥或生物有机肥10～20千克、专用肥0.5～1.5千克或40%氮磷钾复合肥0.3～0.6千克。

定植4年后施肥：龙眼树冠已形成，开始开花结果，在春梢萌动时，每株施优质有机肥或生物有机肥30～40千克、专用肥2～3千克。在花期、幼果期和攻梢期，叶面喷施0.2%～0.4%磷酸二氢钾1～2次，为顺利进入结果期奠定基础。

2. 青壮年树施肥

采前肥：采果前10～15天，在树冠滴水线范围内淋施腐熟的优质水肥一次，每株淋施含饼肥3千克（或含腐熟鸡粪20～25千克）、专用肥2～3千克或40%氮磷钾复合肥1.5～2千克、尿素0.5～1千克、硼砂30～50千克。

攻梢肥：在秋梢抽生、新梢萌芽时，淋施专用肥0.5千克、尿素0.5千克；在新梢转绿时，淋施专用肥0.5～1千克。在最后一次梢抽出后，不能再施氮肥，可施专用肥2千克或磷、钾肥各1千克。

根外追肥：在新梢开始转绿时，喷施农海牌氨基酸叶面肥，并在稀释的肥液中加入0.2%～0.4%的磷酸二氢钾，每7天左右喷一次，喷施2次为好。

3. 成年结果树施肥

定植20年后进入正常开花结果的成年树，采用集中与补、挖相结合的施肥方法。

花前肥：在3月上旬开花前施用。每株施腐熟的猪牛粪15千克、饼粕1千克、龙眼专用肥1～1.5千克或尿素0.3～0.4千克、钙、镁、磷、钾肥各0.3千克。

保果促梢肥：在5月中旬至6月上旬施用。每株施专用肥3～5千克或尿素0.6千克、过磷酸钙2千克、钙镁磷肥1～2千克、氯化钾2千克，可采用环状沟、放射沟、月形沟等方式，将肥料与表土混匀后施入沟内后覆土。

采果肥：在采果前7～10天或采果后立即施肥。每株可施专用肥1.4～1.6千克和液体优质有机肥100～200千克或尿素1.4～1.6千克，结合浇水效果更好。

根外追肥：在龙眼整个生育期尤其是在坐果后到采用前20天，都可喷施农海牌氨基酸叶面肥，并在稀释的肥液中加入0.3%～0.5%的尿素、0.2%～0.4%的磷酸二氢钾，对增强树势提高产量和品质有很好的效果。也可适时适量喷施各种化肥（含微量元素肥料）。

（三）龙眼树专用肥料配方

氮、磷、钾三大元素含量为30%的配方：

$30\%=N12:P_2O_5\ 5:K_2O\ 13=1:0.42:1.08$

原料用量与养分含量（千克/吨产品）：

硫酸铵 100　$N=100\times21\%=21$

$S=100\times24.2\%=24.2$

尿素 198　$N=198\times46\%=91.08$

磷酸一铵 46　$P_2O_5=46\times51\%=23.46$

$N=46\times11\%=5.06$

过磷酸钙 150　$P_2O_5=150\times16\%=24$

$CaO=150\times24\%=36$

$S=150\times13.9\%=20.85$

钙镁磷肥 15　$P_2O_5=15\times18\%=2.7$

$CaO=15\times45\%=6.75$

$MgO=15\times12\%=1.8$

$SiO_2=15\times20\%=3$

氯化钾 216　$K_2O=216\times60\%=129.6$

$Cl=216\times47.56\%=102.73$

硼砂 15 B＝15×11％＝1.65

氨基酸螯合锌、锰、铁、钼 16

硝基腐植酸 100 HA＝100×60％＝60

N＝100×2.5％＝2.5

氨基酸 67

生物制剂 30

增效剂 12

调理剂 30

六、菠萝树施肥技术与专用肥配方

（一）菠萝的需肥特点

菠萝从定植至收获第一造果，一般需 15～18 个月。在各生育期所需养分均不相同，应按其需肥特点施肥。菠萝正常生长需要 16 种必需的营养元素，以从土壤中吸收的氮、磷、钾、钙、镁较多。菠萝在营养生长期对氮、磷、钾吸收比例为 17∶1∶16，进入开花期其吸收比例为 7∶10∶23。据报道，每生 1 000 千克菠萝果实，需氮（N）3.75～8.76 千克、磷（P_2O_5）1.07～1.89 千克、钾（K_2O）7.36～17.2 千克、钙（CaO）2.22 千克、镁（MgO）0.78 千克，其吸收比例约为 1∶0.21～0.29∶1.96∶0.59∶0.21。由此可见，菠萝土壤中吸收钾最多，氮次之，最后是钙、磷、镁。菠萝从定植到收果整个生长过程中，对氮、磷、钾的吸收有 3 个高峰期：10～20 叶为第一个高峰期，27～45 叶期为第二高峰期，第三个高峰期在现红至小果期。在施肥方法上，第一年重施氮，其次是磷和钾；第二年在催花前，特别在小果膨大期追施足够的钾，其次是氮和磷。菠萝在果实膨大期对钙、镁养分吸收量达到最高值。据报道，广西菠萝用肥氮、磷、钾的平均比例为 1∶0.62∶0.9，广东平均比例为 1∶0.23∶0.5。

（二）菠萝无公害施肥技术

菠萝施肥可根据菠萝的需肥特点、产量目标、土壤肥力状况等因素确定肥料品种、营养成分、施肥数量、施肥方法及施肥时期。

根据菠萝的吸收养分规律和生长发育过程，一般分为基肥、追肥（含根外追肥）2 种方式。

1. 基肥

基肥以有机肥为主，无机肥为辅，在定植前施用。一般每亩施腐熟的优质有机肥 2 000～3 500 千克、饼肥 50～100 千克、生物有机肥 30～50 千克、骨粉 50～100 千克、菠萝专用肥 20～30 千克，或用硫酸铵 5～10 千克、过磷酸钙 15～20 千克、硫酸钾 10～15 千克、硫酸镁 20 千克代替专用肥。

定植前，按行距挖宽 50 厘米、深 30 厘米的种栽沟，将肥料混匀后施入种栽沟内，盖上一层薄土，避免肥料对根系造成伤害。

2. 追肥

菠萝营养生长期长，占整个生育期的 60%以上，是形成产量的关键时期，应适时进行追肥。

壮苗肥：在营养生长期的 3～5 月份，亩追施菠萝专用肥 25～30 千克或尿素 20 千克和氯化钾 10 千克。7～9 月份，亩追施菠萝专用肥 25～30 千克或尿素 10 千克、氯化钾

15 千克。视植株长势情况，结合喷施农海牌氨基酸叶面肥 2～3 次，对增强植株抗逆能力效果明显。

促花壮蕾肥：在花芽分化前期至花蕾抽发前期，即 10 月至翌年 2 月份，亩施菠萝专用肥 30～40 千克或生物有机肥 40 千克、氯化钾 15 千克。

壮果催芽肥：在菠萝植株谢花后进入果实膨大期，亩施菠萝专用肥 25～30 千克或生物有机肥 30～40 千克，结合喷施农海牌氨基酸叶面肥，每 8～15 天一次。

壮芽肥：在菠萝果实采收前后与下一次基肥一起施用，亩施菠萝专用肥 25～30 千克或生物有机肥 60～80 千克、氯化钾 15 千克，穴施于离根基部 15 厘米米左右处。

（三）菠萝专用肥料配方

氮、磷、钾三大元素含量 30%的配方：

30%＝N 12∶P_2O_5 3.33∶K_2O 14.76＝1∶0.28∶1.23

原料用量与养分含量（千克/吨产品）：

硫酸铵 100　N＝100×21%＝21

S＝100×24.2%＝24.2

尿素 200　N＝200×46%＝92

过磷酸钙 200　P_2O_5＝200×16%＝32

Ca＝200×24%＝48

S＝200×13%＝26

钙镁磷肥 20　P_2O_5＝20×18%＝3.6

CaO＝20×45%＝9

MgO＝20×12%＝2.4

SiO_2＝20×20%＝4

氯化钾 246　K_2O＝246×60%＝147.6

$Cl=246\times47.56\%=117.0$

硼砂 15　$B=15\times11\%=1.65$

氨基酸螯合锌、铁、锰、钼 13

七水硫酸镁 70　$MgO=70\times16.35\%=11.45$

$S=70\times13\%=9.1$

硝基腐植酸 85　$HA=85\times60\%=51$

$N=85\times2.5\%=2.13$

生物制剂 21

增效剂 10

调理剂 20

七、杨梅树施肥技术与专用肥配方

（一）杨梅树的需肥特点

我国杨梅主产区多是土壤结构不良、肥力偏低，虽然杨梅具有菌根，能固定空气中的氮素，但在瘠薄的土壤中栽种，必须依靠施肥来保证杨梅正常生长和结果所需的各种养分，当养分不足时，产量低，品质差，还造成大小年结果。杨梅是常绿果树，产量高，需肥量大，生长土壤瘠薄，均衡地为其提供养分是优质高产的关键。因此，杨梅施肥以有机肥为主，化肥为辅。

幼年树以促进生长、迅速形成丰产树冠为目的。因此，除栽植前施足基肥外，在3～8月份的生长季节，应以薄肥多次追肥，并以速效性氮肥为主，配有适量氮、磷、钾的专用复混肥或尿素。

新植幼树成活后及时施用速效性薄肥，在春、夏、秋梢抽生前半个月施入，一般株施尿素0.1千克，由于幼年树抵抗力弱，施肥时要求土壤含水量充足，可于降雨前后施入或对水施入。3年生后，每株增加肥料用量，配合适量磷、钾肥。如全年株施杨梅专用肥0.5～0.8千克或尿素0.3～0.5千克加草木灰2～3千克、硫酸钾0.11～0.12千克。始果后，施肥时要注意少氮增钾，以控制生长，促进结果。施肥方法多采取环状和盘状施肥，促进根系向外延伸，扩大树冠。

结果树以高产、稳产、优质、高效为目标。施肥原则为增钾、少氮、控磷。一般全年施肥2～3次。全年施3次肥的，第一次为萌芽前的2～3月份，以钾肥为主，配施氮肥，满足杨梅春梢生长、开花与果实生长发育的养分需求；第二次壮果肥于5月中旬施，以速效性钾肥为主，补充果实生长发育的养分需求，提高果实品质；第三次为采果后的6～7月份，以有机肥为主，辅以速效性氮肥，及时补充树体养分。3次分别约占全年施肥量30%、30%和40%。全年施2次肥的，于第一次萌芽前施第一次，施肥量约占40%，第二次采果后施入，约占60%。

（二）杨梅树无公害施肥技术

1. 幼年树施肥

种植后，于当年8月份每株施尿素0.05千克、硫酸钾0.04千克或稀薄人粪尿2～3千克，10～11月份施专用肥0.3～0.5千克或施饼肥0.5～1千克、草木灰0.5～1千克。

种植后第2～3年，5～6月份每株施专用肥0.3～1.2千克或45%氮磷钾复合肥0.25～1千克，10～11月施菜饼肥0.8～1.2千克、专用肥0.5～1.5千克；第4～5年开始结果后增加施肥量，5～6月每株施过磷酸钙0.2千克、氯化钾1～1.5千克或专用肥1～1.6千克，10～11月份，施饼肥3～4千克或专用肥2千克。

2. 成年树施肥

一般每年3～4次，用量按树体大小而定。第一次在早春2～3月，看树施用稀薄速效肥，每株施杨梅专用肥0.5～0.8千克，以满足春梢抽发和开花结果所需，但这次肥料小年树可不施；第二次在5月下旬，以速效氮肥和钾肥为主，每株施氮钾为主的专用肥0.5～1千克，以促进果实肥大；第三次在果实采收结束后，7～8月份是杨梅花芽分化和发育期，及时施入采后肥，对补充树体养分、促进花芽分化有重要作用。施肥量以20～30年生大树为例，每株施专用肥3～5千克或0.5～1千克，再加硫酸钾或氯化钾2.5～3千克，再加过磷酸钙0.5千克；第四次在9～10月份，结合土壤深翻扩穴施基肥，每株施厩肥25～30千克、专用肥2～3千克。对有机肥缺乏或运输不便的山区，在深翻扩穴，施用杂草的同时，每株可施用杨梅专用肥2～4千克。另外，在杨梅果实肥大期和7～11月份养分贮积期可喷施农海牌氨基酸叶面肥，每10天左右喷施一次，一般喷施3～4次。

3. 施肥方法

环状沟施：以幼年树比较适宜，即以杨梅树干为中心，在树冠滴水线处挖一条环状沟，沟宽30～40厘米，深20～30厘米，将肥料施入环状沟内与土壤拌匀，施肥后盖土。

条状沟施：以树干为中心，在树冠外围投影下偏外15～20厘米处，挖宽30～40厘米、深20～30厘米的若干条状沟，把肥料放入条沟内与泥土拌匀后盖土，条沟随着树冠向外扩大而外移。

放射状沟施：常用于成年树。以树干为中心，与树冠切线垂直，沿树冠滴水线开始向内挖 4～6 条放射状条沟，沟长 40～60 厘米，宽 30～40 厘米，深 20～30 厘米，施肥后再盖土。翌年应改变施肥部位，达到全园深翻之目的。

穴施法：以树干为中心，在树冠外围投影下挖深 20～30 厘米、直径 30～40 的若干个穴，施肥后覆土。此法多用于成年树施肥。

树盘内撒施法：在树冠投影面积下耙开表土约 5～10 厘米，把液肥或粉肥浇撒在树盘面上，待液肥稍干后覆土。

（三）杨梅树专用肥料配方

氮、磷、钾三大元素含量为 30%的配方：

$30\% = N8 : P_2O_5\ 6 : K_2O\ 16 = 1 : 0.44 : 2$

原料用量与养分含量（千克/吨产品）：

硫酸铵 100　$N = 100 \times 21\% = 21$

$S = 100 \times 24.2\% = 24.2$

尿素 106　$N = 106 \times 46\% = 48.76$

磷酸一铵 65　$P_2O_5 = 65 \times 51\% = 33.15$

$N = 65 \times 11\% = 7.15$

过磷酸钙 150　$P_2O_5 = 150 \times 16\% = 24$

$CaO = 150 \times 24\% = 36$

$S = 150 \times 13.9\% = 20.85$

钙镁磷肥 15　$P_2O_5 = 15 \times 18\% = 2.7$

$CaO = 15 \times 45\% = 6.75$

$MgO = 15 \times 12\% = 1.8$

$SiO_2 = 15 \times 20\% = 3$

氯化钾 267 $K_2O=267\times60\%=160.2$

$Cl=267\times47.56\%=126.99$

硼砂 15 $B=15\times11\%=1.65$

氨基酸螯合锌、锰 10

硝基腐植酸 150 $HA=150\times60\%=90$

$N=150\times2.5\%=3.75$

氨基酸 39

生物制剂 25

增效剂 13

调理剂 40

八、椰子树施肥技术与专用肥配方

（一）椰子树的需肥特点

椰树是多年生热带果树，产量高。每年需从土壤中吸收大量的氮、磷、钾、氯、钙、镁等养分，不及时补充养分，对生产带来较大的影响。

据报道，结果的椰树，平均每棵年需吸收氮（N）0.7千克、磷（P_2O_5）0.3千克、钾（K_2O）1.0千克、氯（Cl）0.9千克、钙（CaO）0.3千克、镁（MgO）0.1千克。其吸收比例为1∶0.43∶1.43∶1.29∶0.43∶0.14，可见椰树对钾需要量最大，其次是氯，这是椰树营养上的一个特点。氯在果实生长和营养生长中需要量相近。营养生长所需要的养分以氯和氮最高，其次是钙、钾，在整个生长期中，磷的吸收量最小。

（二）椰子树无公害施肥技术

椰树施肥可根据其需肥特点、树龄、产量和土壤肥力等因素确定肥料养分比例和施用量。一般椰树施肥分苗圃施肥、幼龄树施肥和成龄树施肥。

1. 苗圃施肥

苗圃施肥宜施足基肥，每亩施优质有机肥 1 300 千克、椰树专用肥 100～130 千克，或用氯化钾、过磷酸钙和硫酸镁的混合肥 130 千克代替专用肥。

追肥在 2 月龄施一次，用量为每株施椰树专用肥 50～60 克，或用硫酸铵 25 克、氯化钾 25 克、氯化钠 40 克代替专用肥。

5 月龄再施一次，每株用量为椰树专用肥 80～100 克，或用硫酸铵 20 克、氯化钾 25 克、氯化钠 40 克代替专用肥。

2. 幼龄树施肥

幼龄树施肥随树龄而不同，定植时，基肥一般每株用椰树专用肥 300～350 克、腐熟的有机肥 25～30 千克或硫酸铵 150 克、氯化钾 200 克。

6 月龄时再施椰树专用肥 400～450 克或硫酸铵 200 克、氯化钾 250 克。到一年龄树时，施椰树专用肥 1 000 克或硫酸铵 500 克、氯化钾 500 克。以后每年适当增加用量，若不用专用肥时，还需配施适量的过磷酸钙。5 年树龄以上的椰树，每株每次施椰树专用肥 2～3.5 千克或硫酸铵 1 500 克、氯化钾 1 000 克、过磷酸钙 500 克。

3. 成龄树施肥

成龄树每年每株用椰树专用肥 2～3.5 千克或用尿素 1.3 千克、重过磷酸钙 0.3 千克、氯化钾 3 千克。

施肥时间以椰树生长发育的物候期为依据。在海南，3～9月份椰子生长发育快，是理想的施肥期。在比较肥沃的土壤，每年只需施肥1～2次；土壤结构不良、保肥保水差的瘦瘠沙土，每年需施肥3～4次。速效肥或水肥应施在距树基1～1.7米处，深度以15～20厘米为宜。腐熟的有机肥与化肥配施应在树冠1/2～2/3处，深度20厘米。施肥方法可采用撒施、放射沟施、侧沟施、环状沟施等，但通常多采用侧沟施或环状沟施肥。

（三）椰子树专用肥料配方

氮、磷、钾三大元素含量30%的配方：

30%＝N10.5：P_2O_5 4.5：K_2O 15＝1：0.43：1.43

原料用量与养分含量（千克/吨产品）：

氯化铵 200　N＝200×25%＝50

S＝200×66%＝132

尿素 111　N＝111×46%＝51.06

磷酸一铵 25　P_2O_5＝25×51%＝12.75

N＝25×11%＝2.75

过磷酸钙 180　P_2O_5＝180×16%＝28.8

CaO＝180×24%＝43.2

S＝180×13.9%＝25.02

钙镁磷肥 20　P_2O_5＝20×18%＝3.6

CaO＝20×45%＝9

MgO＝20×12%＝2.4

SiO_2＝20×20%＝4

氯化钾 250　K_2O＝250×60%＝150

Cl＝250×47.56%＝118.9

硼砂 15 B＝15×11％＝1.65

氨基酸螯合锌、锰、铁 15

七水硫酸镁 100 MgO＝100×16.35％＝16.35

S＝100×13％＝13

氨基酸 27

生物制剂 20

增效剂 12

调理剂 20

九、芒果树施肥技术与专用肥配方

（一）芒果树的需肥特点

芒果生长发育需16种必需的营养元素，从土壤中吸收氮、磷、钾、钙、镁的量较大。据报道，每生产1 000千克鲜果需氮（N）1.735千克、磷（P_2O_5）0.231千克、钾（K_2O）1.974千克、钙（CaO）0.252千克、镁（MgO）0.228千克，吸收量最多的是钾，氮次之，其吸收比例为1∶0.13∶1.14∶0.15∶0.13。

芒果树不同生育期，叶片和果实对各种养分的吸收量不相同。采果后，植株以营养生长为主，大量吸收养分，积累营养物质，迅速恢复树势。

果实生长发育及养分变化规律可分为三个阶段：

第一阶段，开花稔实至坐果，20～25天，为果实缓慢生长期，氮、磷、钾、钙、镁的吸收量分别占养分总吸收量的25％、14％、1％、15％、14％。

第二阶段，坐果后20～60天，为果实迅速生长期，对氮、磷、钾、钙、镁的吸收量分别占养分总吸收量的68%、66%、63%、85%、65%，果实迅速膨大。

第三阶段，果实进入缓慢生长期，对氮、磷、钾、钙、镁的吸收量分别占养分总吸收量的7%、20%、36%、0%、21%。由此可见，果实生长前期应补充氮和钙，后期应适当补充钾素，对磷和镁的需求量较平稳。

（二）芒果树无公害施肥技术

根据芒果生长发育需肥特点，综合有关研究成果，芒果施肥的氮、磷、钾比例为1∶0.2∶1.2～1.8较为适宜。热带地区土壤中钙、镁含量低，常按氮、磷、钾、钙、镁为1∶0.2∶1∶0.9∶0.2的比例计算钙、镁用量。根据芒果树的需肥特点，对结果树一般选择4次施肥。

第一次在采果前后，每株施腐熟的有机肥15～20千克和芒果专用肥1～3千克，在树冠滴水线内侧挖环状沟浅施，如遇干旱天气，施肥后要灌水。

第二次在芒果花芽分化期施催花肥，一般在10～11月份，株施腐熟有机肥15～20千克和芒果树专用肥1～2千克或石灰1千克、复混肥0.5～1千克，或者生物有机肥5～8千克、硫酸钾0.5～1千克，环状沟施，以促进花芽分化，保证花的发育。

第三次施壮花肥，一般在1～3月份是花蕾发育与开花期，株施芒果树专用肥0.2～0.25千克或尿素0.1～0.15千克、硫酸钾0.2千克。在盛花期前及盛花期内，各喷500倍的硼酸一次，可提高树体营养水平，促进花穗和小花发育，提高两性花比率，健壮花质，增强抵抗低温阴雨等不良天气的能力，提高坐果率。

第四次是在4～5月份施壮果肥，株施生物有机肥3～5千克和芒果树专用肥0.5～0.8千克，促进果实迅速增长，协调枝梢与果实养分分配的矛盾。根据树势状况，必要时喷施农海牌氨基酸叶面肥，并在稀释的肥液中加入0.2%～0.4%的磷酸二氢钾，对增强树势，提高产量和品质效果明显。也可适时、适量喷施各种化肥（含微量元素肥料）和黄腐酸等营养物质。

（三）芒果树专用肥料配方

氮、磷、钾三大元素含量30%的配方：

30%＝N 13.5∶P_2O_5 2.5∶K_2O 14＝1∶0.24∶1.04

原料用量与养分含量（千克/吨产品）：

硫酸铵 100　N＝100×21%＝21

S＝100×24.2%＝24.2

尿素 248　N＝248×46%＝114.08

过磷酸钙 135　P_2O_5＝135×16%＝21.6

CaO＝135×24%＝32.4

S＝135×13.9%＝18.77

钙镁磷肥 20　P_2O_5＝20×18%＝3.6

CaO＝20×45%＝9

MgO＝20×12%＝2.4

SiO_2＝20×20%＝4

氯化钾 233　K_2O＝233×60%＝139.80

Cl＝233×47.56%＝110.81

硼砂 15　B＝15×11%＝1.65

氨基酸螯合锌、锰、铁、钙 20

七水硫酸镁 90　MgO＝90×16.35%＝14.72

S＝90×13％＝11.7

硝基腐植酸 84　HA＝84×60％＝50.4

N＝84×2.5％＝2.1

生物制剂 20

增效剂 10

调理剂 20

十、腰果树施肥技术与专用肥配方

（一）腰果树的需肥特点

腰果在热带地区全年生长，但在我国海南岛北部冬季生长缓慢，在寒潮低温期间基本停止生长。结果枝多在春季抽出，而南部地区多在冬季抽发，春季正是开花、结果和收获期，很少抽梢。

在海南岛西南部滨海阶地对腰果树四年施肥结果表明，施氮肥有极显著的效果。每株结果树每年至少应施尿素 1.0 千克，才能保持氮素供应和消耗之间的平衡。氮、磷、钾配合施用效果更佳。单株产 5 千克坚果，需腰果专用肥 3～4 千克或尿素 1.5 千克、45％复合肥 1.5～2 千克。

腰果树一般第二年开始开花，第三年开始结果，第八年进入盛产期，盛产期可持续 15～20 年。腰果树适宜在中性至微酸性土壤种植。但腰果树根系生长通气良好的土壤，低洼积水地根系生长不良。碱性土和含盐过高的土壤也不宜种植，其他各类热带土壤均可栽种。

（二）腰果树无公害施肥技术

1. 育苗施肥

播前2～4个月挖穴，深、宽各为40～60厘米，每穴施有机肥10～20千克、腰果专用肥0.5～0.8千克或过磷酸钙0.5～1.2千克，与表土混合后做基肥施入穴中。每穴播2～3粒种子，也可用压条方式进行繁殖。

2. 合理施肥

据报道，海南省乐东县（1982）试验氮、磷、钾配施后第一年就较对照增产50%以上，只施磷肥的处理仅增产11%。陵水县（1976）施肥除草的成龄腰果树平均每株产坚果5.85千克，对照只产坚果1.3千克。

腰果树施肥应随树龄和产量的增加而相应增加，定植当年，除施基肥外，一般不需要追肥，从第二年开始，每株施腰果专用复混肥料0.3～0.5千克、有机肥10～30千克，并逐年适量增加。从第七年起进入盛果期，应根据当年目标产量和地力状况来确定施肥量。一般单株产5千克坚果，需施堆肥、绿肥等有机肥28～40千克、专用复混肥3～4千克或尿素1.5～2千克、45%氮磷钾复合肥1.5～2千克。根据海南岛的气候特点，一般施速效氮肥不能迟于10月下旬，以雨季初期和雨季中期分次施用效果好，而磷钾肥或腰果专用肥可一次施用，施用时将有机肥与专用肥复混肥混合均匀后再施用。采用放射沟、环状沟施均可，注意每年应轮换施肥位置，并随树龄增长而向外扩展。施肥时将有机肥、专用肥或无机肥混合后施用，施肥应结合中耕除草、浇水。

（三）腰果树专用肥料配方

氮、磷、钾三大元素含量为30%的配方：

$30\% = N15 : P_2O_5\ 6 : K_2O\ 9 = 1 : 0.4 : 0.6$

原料用量与养分含量（千克/吨产品）：

硫酸铵 100　$N = 100 \times 21\% = 21$

$S = 100 \times 24.2\% = 24.2$

尿素 255　$N = 255 \times 46\% = 117.30$

磷酸一铵 83　$P_2O_5 = 83 \times 51\% = 42.33$

$N = 83 \times 11\% = 9.13$

过磷酸钙 100　$P_2O_5 = 100 \times 16\% = 16$

$CaO = 100 \times 24\% = 24$

$S = 100 \times 13.9\% = 13.9$

钙镁磷肥 10　$P_2O_5 = 10 \times 18\% = 1.8$

$CaO = 10 \times 45\% = 4.5$

$MgO = 10 \times 12\% = 1.2$

$SiO_2 = 10 \times 20\% = 2$

氯化钾 150　$K_2O = 150 \times 60\% = 90$

$Cl = 150 \times 47.56\% = 71.34$

七水硫酸镁 40

硼砂 20　$B = 20 \times 11\% = 2.2$

氨基酸螯合锌、锰、稀土 9

硝基腐植酸 150　$HA = 150 \times 60\% = 90$

$N = 150 \times 2.5\% = 3.75$

生物制剂 26

增效剂 13

调理剂 44

十一、枇杷树施肥技术与专用肥配方

（一）枇杷树的需肥特点

枇杷树对正常生长发育需要吸收16种必需的营养元素，其中从土壤中吸收氮、磷、钾三要素较多，其他养分较少。枇杷树根系较浅，大多集中分布在10～50厘米土层中，对养分要求较高，成龄树对钾的需要量最大，其次是氮、磷。据研究，每生产1 000千克鲜果，需吸收氮（N）1.1千克、磷（P_2O_5）0.4千克、钾（K_2O）3.2千克，吸收比例为1∶0.36∶2.91，可见枇杷是喜钾果树。从开花到果实膨大期是枇杷树吸收养分最多的时期，尤其是对钾、磷的吸收增加较多。在各生育期中若养分供应不足，会对琵琶生产带来不良影响。后期若供氮过多，果实的原有味道变淡。适量供钾可提高产量，改善品质，增强树势，提高抗逆能力。但供钾过量时，会造成果肉较硬且变酸，在施肥中应注意适量供给养分。枇杷需钙量较大，在含钙丰富的土壤上，枇杷树势健旺。

（二）枇杷树无公害施肥技术

枇杷幼树施肥主要目的是促进树的生长，以保土壤在周年内不缺养分。根据其全年生长、四季抽梢的特点，于各次梢萌发前施一次促梢肥，隔15天左右嫩梢展叶后，再施一次壮梢肥，每年施5～6次肥，一般每株每次用腐熟的稀人粪尿10～20千克和枇杷专用肥0.3～0.6千克。

成年结果树施肥，一般每亩施氮（N）10～20千克、磷（P_2O_5）8～15千克、钾（K_2O）10～20，分3次施用。第一次施采果肥，在5～6月份枇杷采果后施下，能促进树势快速恢复，抽发健壮夏梢，充实结果母枝，促进花芽分化。每株施腐熟的有机肥40～50千克、枇杷专用肥2千克或尿素0.5千克、过磷酸钙2千克，深树冠滴水线外挖环状沟施入。第二次施促花肥，在9～10月份枇杷开花前施，提高结果率，每株施腐熟的人粪尿50千克、枇杷专用肥1.5～2千克或硫酸钾1千克、过磷酸钙1千克。第三次施壮果肥在2～3月份定果后施入，可促进幼果迅速膨大，提高产量和品质。每株施枇杷专用肥3～4千克或尿素1千克、过磷酸钙1千克、硫酸钾1.5千克。在土壤施肥的同时，可对枇杷树进行叶面喷肥，用农海牌氨基酸叶面肥和0.3%的尿素0.2%～0.4%的磷酸二氢钾混合喷施，可增强树势，提高产量和品质。也可适时适量喷施尿素、磷酸铵、硫酸钾及微量元素等养分。

（三）枇杷树专用肥料配方

氮、磷、钾三大元素含量为30%的配方：

$$30\%=N10:P_2O_5 8:K_2O12=1:0.8:1.2$$

原料及养分含量（千克/吨产品）：

硫酸铵 100　N=100×21%=21

　　S=100×24.2%=24.2

尿素 141　N=141×46%=64.86

磷酸一铵 105　P_2O_5=105×51%=53.55

　　N=105×11%=11.55

过磷酸钙 150　P_2O_5=150×16%=24

　　CaO=150×24%=36

$S=150\times13.9\%=20.85$

钙镁磷肥 15　$P_2O_5=15\times18\%=2.7$

$CaO=15\times45\%=6.75$

$MgO=15\times12\%=1.8$

$SiO_2=15\times20\%=3$

硫酸钾 240　$K_2O=240\times50\%=120$

$S=240\times18.44\%=44.26$

硼砂 15　$B=15\times11\%=1.65$

氨基酸螯合锌、锰、铁 15

硝基腐植酸 100　$HA=100\times60\%=60$

$N=100\times2.5\%=2.5$

生物磷、钾菌肥 40

生物制剂 20

增效剂 13

调理剂 41

十二、罗汉果树施肥技术与专用肥配方

（一）罗汉果树的需肥特点

罗汉果树定植后，植株生长迅速，生物量大，花期长，开花结果多，因而消耗养分也多，必须合理施肥才能稳产高产。罗汉果根系发达，吸收养分能力强，施肥要求在开花前施肥量不易过多，若早期施肥理过多，易造成徒长，应在开花前少施肥轻施肥，开花后再多施肥。全年施基肥一次，追肥 4～5 次。

（二）罗汉果树无公害施肥技术

1. 基肥

在扒去培土时，离块茎基部40～50厘米处开半圆形沟，深15～20厘米，将腐熟的厩肥2.0～3千克、罗汉果专用肥100～150克或过磷酸钙100～150克与土样匀后施入沟内，然后复土。

新栽罗汉果树时，在种植前每株施入5～8千克腐熟的猪、牛栏粪或桐麸等农家肥、100～150克专用肥或过磷酸钙100～150克，作基肥，种植时每株再施生物有机肥500～800克。其肥效可长达5～6个月。

2. 追肥

谷雨至立夏追第一次肥，也叫催蔓肥，当主蔓长至30～40厘米长时，每株施腐熟的稀人粪尿2～3千克，掺入罗汉果专用肥50～100克，浇施，注意施肥时不要淋到植株上。

第二次追肥为催花、壮花肥，当主蔓上棚架后再追施腐熟的人粪尿1千克，对水2千克，加专用肥100～150克，浇施。主要是促进侧蔓分生，提早开花，促进植株健壮生长，增强抗病能力。

第三次追肥在6月下旬至7月上中旬，即盛花期，为提高坐果率每株施腐熟的人粪尿和饼肥0.5～0.8千克、专用肥100～150克。

第四次追肥在8～9份，是大批果实迅速发育膨大期，需养分较多，每株施腐熟的人粪尿0.6～0.8千克，加专用肥100～150克，对水浇施。可喷施少量硼肥和含钙微肥以促进果实膨大，减少裂果。这时期应保持肥水供应均匀，特别是天旱时一定要及时补充水分，以防一旱一湿果实内外生长不谐调造成裂果。

第五次追肥为越冬肥。采果后至落叶休眠期前，应及时施一次罗汉果专用肥每株150～250克，对水冲施，以延迟落叶，使薯果养分得到补充，提高抗寒力。

在果实膨大期，可根据植株生长状况，喷施农海牌氨基酸叶面肥，每10天左右一次，可增强植株抗逆能力，增产效果好。也可适时适量喷施各种无机营养成分和黄腐酸等物质。

（三）罗汉果树专用肥料配方

氮、磷、钾三大元素含量为30%的配方：

$30\% = N10 : P_2O_5\ 7 : K_2O\ 13 = 1 : 0.7 : 1.3$

原料用量与养分含量（千克/吨产品）：

硫酸铵 150　$N = 150 \times 21\% = 31.50$

$S = 150 \times 24.2\% = 36.30$

尿素 121　$N = 121 \times 46\% = 55.66$

磷酸一铵 85　$P_2O_5 = 85 \times 51\% = 43.35$

$N = 85 \times 11\% = 9.35$

过磷酸钙 150　$P_2O_5 = 150 \times 16\% = 24$

$CaO = 150 \times 24\% = 36$

$S = 150 \times 13.9\% = 20.85$

钙镁磷肥 15　$P_2O_5 = 15 \times 18\% = 2.7$

$CaO = 15 \times 45\% = 6.75$

$MgO = 15 \times 12\% = 1.8$

$SiO_2 = 15 \times 20\% = 3$

氯化钾 217　$K_2O = 217 \times 60\% = 130.2$

$Cl = 217 \times 47.56\% = 103.12$

硼砂 10　$B = 10 \times 11\% = 1.1$

氨基酸螯合锌、锰、铁、铜 20

硝基腐植酸 170　HA＝170×60％＝102

N＝170×2.5％＝4.25

生物制剂 20

增效剂 12

调理剂 30

十三、银杏树施肥技术与专用肥配方

（一）银杏树的需肥特点

银杏是喜肥又耐肥的树种，科学施肥是银杏管理中的一个重要环节。

银杏生长发育各个阶段需要从土壤中吸收氮、磷、钾等16种中、微量元素，其中对氮、磷、钾需求较多，主要来源是利用树体内上年贮藏的养分，在土壤中吸收量较少。新梢旺长期在4月20日至6月底，是吸收营养元素最多的时期，以氮最多，其次是钾，磷最少。果实采收至落叶期在9月中旬至11月中旬，树体仍然吸收一部分营养元素，但其吸收量明显减少。总之，银杏对营养元素的吸收从萌芽前开始，对氮的吸收高峰在6～8月，对钾的吸收高峰在7～8月，对磷的吸收在各生产期比较均匀。

（二）银杏树无公害施肥技术

银杏的施肥原则和梨树基本相同。其施肥量可根据树龄、土壤肥力状况、施肥实践经验来确定。施肥方法有基肥、追肥和叶面喷肥。

1. 基肥

银杏树施基肥一般在果实采收前或采收后施用，一般产银杏 75～80 千克的结果树，施腐熟有机肥或生物有机肥 80～150 千克、银杏专用肥 2～3 千克，初结果树和幼龄树可适当减少施肥量。施肥方法一般采用集中穴施，即在树冠滴水线内或树盘内挖 60 厘米、直径约 50 厘米的施肥穴，一般幼树每株挖 1～2 个穴，初结果树每棵 2～4 个穴，盛果期的大树每棵 4～6 个穴，施肥穴要每年轮换位置，将有肥料与表土混合均匀后填入穴内，然后浇水。也可采用环状沟、条状沟、放射状沟施肥。条状沟施是在树冠外围两侧（东西或南北方向）各挖一条施肥沟，沟的深度和宽度各为 40 厘米，沟的长度依树冠大小而定，条状沟的方向可隔年轮换。环状沟放射施是在树冠投影外侧，挖深 20 厘米、宽 40 厘米的环状沟，施肥后覆土，这种施肥方法适用于幼树。

2. 追肥

采叶园一年追肥 3 次，第一次在发芽前 10 天左右，为长叶肥，每亩施银杏专用肥 40～50 千克或尿素 50 千克；第二次在 5 月中旬，新梢生长高峰前，每亩施肥同第一次；第三次在 8 月上旬，每亩施银杏专用肥 50 千克或氮、磷、钾含量 45％的复合肥 50 千克。施肥方法是在树的行间 5 厘米深的条沟，将肥施入沟内，然后覆土、浇水。

结果前幼树追肥：一年追肥 2 次。第一次在 5 月中旬，每亩施银杏专用肥 20～50 千克或尿素 20～50 千克；第二次在 8 月下旬至 9 月上旬，施肥量与第一次相同。

结果银杏树追肥：每年追肥 4 次。第一次在发芽前 10 天左右为长叶肥，每亩施银杏专用肥 30～50 千克或尿素 30～50 千克，或每棵施专用肥 1～2.5 千克、腐熟的人粪尿

100千克左右；第二次在5月上中旬，新梢生长高峰前7天左右，每亩施银杏专用肥80～100千克或尿素30～50千克、过磷酸钙40～50千克、氯化钾15～25千克，或每棵施专用肥2.5～5千克；第三次在7月下旬至8月上旬，每亩施银杏专用肥30～40千克或45%氮、磷、钾复合肥30～45千克，或每棵施专用肥1～3千克；第四次在9月上旬，每亩施银杏专用肥35～45千克或45%氮、磷、钾复合肥35～45千克，或每棵用专用肥1～3千克。

幼树的施肥方法是肥料撒于树盘，然后进行浅中耕，然后浇水；结果树追肥是从树冠外沿内至树冠1/2的范围内，开多条放射沟，沟深10～15厘米，施肥后覆土整平，然后浇水。

3. 叶面喷肥

在展叶后至落叶前20天左右，均可喷施农海牌氨基酸叶面肥，并在农海牌氨基酸叶面肥的稀释液加入0.3%左右的磷酸二氢钾，每10～15天喷施一次，对增强树势、防止早衰、提高产量和品质都有较好的作用。也可适时、适量喷施尿素、磷肥、钾肥、微量元素肥料。

（三）银杏树专用肥料配方

氮、磷、钾三大元素含量为35%的配方：

$35\% = N\ 12 : P_2O_5\ 9 : K_2O\ 14 = 1 : 0.75 : 1.17$

原料用量与养分含量（千克/吨产品）：

硫酸铵 100　$N = 100 \times 21\% = 21$

$S = 100 \times 24.2\% = 24.2$

尿素 155　$N = 155 \times 46\% = 71.3$

磷酸二铵 148　$P_2O_5 = 148 \times 45\% = 66.6$

$N = 148 \times 17\% = 25.16$

过磷酸钙 130　P_2O_5＝130×16％＝20.8

CaO＝130×24％＝31.2

S＝130×13.9％＝18.07

钙镁磷肥 13　P_2O_5＝13×18％＝2.34

CaO＝13×45％＝5.85

MgO＝13×12％＝1.56

SiO_2＝13×20％＝2.6

氯化钾 233　K_2O＝233×60％＝139.80

Cl＝233×47.56％＝110.81

硼砂 15　B＝15×11％＝1.65

氨基酸螯合锌、锰、铁、钙 20

硝基腐植酸 100　HA＝100×60％＝60

N＝100×2.5％＝2.5

氨基酸 29

生物制剂 20

增效剂 12

调理剂 20

十四、番木瓜施肥技术与专用肥配方

（一）番木瓜的需肥特点

番木瓜的生长发育需要氮、磷、钾、钙、镁、硫、锌、硼、锰、铜、铁、钼等多种营养元素。

番木瓜周年开花结果，所需大量和微量元素养分必须充足。据广州市果树所介绍，在营养生长期，氮、磷、钾的比例是 5∶6∶5，生殖生长期为 4∶8∶8，而台湾推荐的比例为 4∶8∶5。

番木瓜植株生长快，早熟品种，种植后 45～50 天开始现蕾，全年开花结果，所需大量和微量元素必须供应充足才能满足正常生长和开花结果。海南大部分果园的土壤中，钾、硼均较缺乏，因此生产中应重视施用钾肥和硼肥。番木瓜平衡施肥试验的最佳施肥配比为：整个年生长期（1～12月）氮、磷、钾的比例是 1∶0.9∶1.1，其中营养生长期氮、磷、钾的比例是 1∶1∶0.5（含基肥），生殖生长期氮、磷、钾的比例是 1∶0.8∶1.5。氮、磷、钾主要靠根系从土壤中吸收，需要量大，必需通过合理施肥才能满足速生、优质的需要，硼肥则通过土壤和叶面喷施来满足。

（二）番木瓜无公害施肥技术

合量施肥须根据番木瓜速生快长、营养生长期短、花期长、花果重叠的需肥和特点，重视氮、磷、钾的配合。营养生长期以 1∶1.2∶1，开花结实期以 1∶2∶2 为适。还要根据植株状态喷多次叶面肥。番木瓜幼树采取环施，结果树采取条沟施或撒施于畦面。

1. 基肥

种植前应在种植穴放足以腐熟有机肥为主的基肥，对根系生长、树干的充实十分重要。基肥充足的植株，早现蕾，早开花，结果部位低，坐果高，果实品质好。

2. 促生肥

番木瓜营养生长期短，早熟品种在 24～26 片叶开始现蕾，营养生长期只有 40～50 天。一般定植后 10 天开始施肥，以速效氮肥为主，每 10～15 天施肥一次，用量逐次增加，由稀至浓。还应注意固态肥与液态肥相结合，促进根系生长，防止树干徒长，氮、磷、钾为1∶0.5∶0.3。还可喷氨基酸叶面肥。

3. 催花肥

当植株进入生殖生长后，每个叶腋都能形成花芽，养分不足时花芽分化受到影响，顶部生长减慢，生长量减少，所以在现蕾前后要施重肥，仍以氮肥为主，增加磷、钾肥。缺硼的地区在花期喷施0.05%硼砂或每株施3～5克硼砂，防止瘤肿病发生。

4. 壮果肥

番木瓜结果特性决定其需要大量养分，当基部果实生长时，顶部仍在不断地抽叶、现蕾、开花、坐果，因此6月份挂果的植株在6～10月份每月施重肥一次，要求氮、磷、钾用量都有较高水平，最好有腐熟的有机肥配合施用。

5. 越冬肥

主要针对连续多年采收的果园，在11～12月份施一次腐熟的有机肥或高磷、高钾肥，恢复树势，提高抗寒能力，延长叶片寿命。

施肥经验一： 整地时将腐熟有机肥施入定植穴，每亩施100千克和专用肥3～5千克，定植后10～15天开始薄施促生肥，以后2个月内每隔10～15天施肥一次，以速效肥为主，由薄施到多施，由稀到浓。春植树5～8月份是施肥最关键时期，早熟种一般24～26片叶就现蕾（45～50天），现蕾前后要及时施重肥，供花芽形成需要，仍以氮肥为主，适当增施磷、钾肥。8月底前要把全年肥料的80%施下，9月份以后，主要施壮果肥，此时进入盛花着果期，增施重肥，以满足基部果实发育和顶部开花着果的需要。6月份挂果的番木瓜在6～10月每月施重肥一次，要求氮、磷、钾含量较高，每次每株施氮磷钾复混肥 100～300 克，开花前每株加施 20 克硼砂。8 月份还应加施有机肥，如沤熟的花生麸，有利于提高果实品质。为了保证种子发育需要的养分，应重视磷、钾肥的施用。据广东经验，每亩果园年产果 3 000千克，则每亩要施腐熟的土杂肥 3 000 千克、腐熟的水粪 4 000 千克、尿素 20 千克和专用复混肥 80 千克。

施肥经验二：在台湾，番木瓜的施肥一般亩施基肥 667 千克。追肥则视实际需要，沙质地每 1～1.5 个月施肥一次，每株每次 100～150 克；壤土每 2～3 个月施一次，每株每次 200～300 克，即每株每年约 1.25 千克。幼年树采用环状沟施，结果树采用条沟施或畦沟撒施。

印度的研究结果，建议番木瓜单株年施氮 200 克、五氧化二磷 300 克、氧化钾 600 克可获较佳产量，而果实品质以氮 200 克、五氧化二磷 200 克、氧化钾 200 克较好。有机肥的年施用量，推荐为氮 15 克/株，折合腐熟猪粪 5 千克/株，或牛栏肥 4～6 千克/株。

巴西推荐氮肥每年每株施 343 克。在哥伦比亚，番木瓜在移植后 4 个月内，每月施氮一次，每株分别为 10、10、20 和 30 克，随后每 2 个月一次，每次均为 50 克，年氮总施用量为每亩 24.4 千克，产量每株可达 66 千克，即每亩 7 333千克。

（三）番木瓜专用肥料配方

营养生长期专用肥配方

氮、磷、钾三大元素含量为 30%的配方：

$30\% = N9.5 : P_2O_5\ 11 : K_2O9.5 = 1 : 1.22 : 1$

原料用量与养分含量（千克/吨产品）：

硫酸铵 100　$N=100\times21\%=21$

$S=100\times24.2\%=24.2$

尿素 130　$N=130\times46\%=59.80$

磷酸一铵 164　$P_2O_5=164\times51\%=83.64$

$N=164\times11\%=18.04$

过磷酸钙 150　$P_2O_5=150\times16\%=24$

$CaO=150\times24\%=36$

$S=150\times13.9\%=20.85$

钙镁磷肥 15　$P_2O_5=15\times18\%=2.7$

$CaO=15\times45\%=6.75$

$MgO=15\times12\%=1.8$

$SiO_2=15\times20\%=3$

硫酸钾 190　$K_2O=190\times50\%=95$

$S=190\times18.44\%=35$

氨基酸硼 10　$B=10\times10\%=1$

氨基酸螯合锌、铁、铜、锰、钼 21

硝基腐植酸铵 121　$HA=121\times60\%=72.6$

$N=121\times2.5\%=3.25$

氨基酸 32

生物制剂 25

增效剂 12

调理剂 30

开花结实期专用肥配方

氮、磷、钾三大元素含量为30%的配方：

$30\%=N6:P_2O_5\ 12:K_2O12=1:2:2$

原料用量与养分含量（千克/吨产品）：

硫酸铵 100　$N=100\times21\%=21$

$S=100\times24.2\%=24.2$

尿素 35.87 $N=35.87\times46\%=16.5$

磷酸一铵 183 $P_2O_5=183\times51\%=93.3$

$N=183\times11\%=20.13$

过磷酸钙 150 $P_2O_5=150\times16\%=24$

$CaO=150\times24\%=36$

$S=150\times13.9\%=20.85$

钙镁磷肥 15 $P_2O_5=15\times18\%=2.7$

$CaO=15\times45\%=6.75$

$MgO=15\times12\%=1.8$

$SiO_2=15\times20\%=3$

硫酸钾 240 $K_2O=240\times50\%=120$

$S=240\times18.44\%=44.26$

氨基酸硼 10 $B=10\times10\%=1$

氨基酸螯合锌、锰、铜、铁、钼 21

硝基腐植酸铵 138 $HA=138\times60\%=82.8$

$N=138\times2.5\%=3.45$

氨基酸 40

生物制剂 25

增效剂 12

调理剂 30.13

十五、番荔枝施肥技术与专用肥配方

（一）番荔枝的需肥特点

番荔枝生长发育需氮、磷、钾、钙、镁、硫、锌、硼、铁、钼、铜、钠等营养元素，所需主要养分比例为 N：P_2O_5：K_2O：Ca：MgO＝1：0.5：0.34：0.53：0.1。

番荔枝根系浅生，土壤保水能力较差，华南地区降雨又极不均匀，秋冬干旱，又常有春旱、夏旱，对番荔枝生长和结果不利。特别是果实发育期间需有稳定的水分供应，除进行土壤覆盖外，干旱时最好淋水。

采果后，对营养生长起重要作用的是水分，水分充足，树体保持绿叶的时间长，光合产物及其积累多，为下一次发芽、长梢、开花、结果提供充足的物质条件。故采果后除及时施肥外，更要配合水分供应。

对于 9 月份已进入旱季的地区，以及实施产期调节栽培，秋冬适度淋水尤为重要。

番荔枝要求微酸性至微碱性的土壤，故除施氮、磷、钾完全肥料外，要注意施石灰，以中和酸性并提供钙营养。幼年树施肥以促进生长、迅速形成丰产树冠为目的，除施基肥外，结合修剪和培养枝梢的次数施肥，每培养一次梢施 1～2 次肥，肥料为氮为主。结果树施完全肥料，一般分 3 次施。

春季长时间低温阴雨常导致普通番荔枝根系腐烂，植株死亡，夏季台风渍水同样也会导致烂根，植株死亡。土壤干湿急剧变化对果实生长不利，甚至会引起裂果。故应注意园地的水分管理，春夏雨季期间不宜覆盖土壤，夏末初秋高温季节则宜覆盖土壤以维持土壤水分的稳定。用黑色塑料膜、锯屑、秸秆或粗沙覆盖地面可促进生长，提高产量。科学的水分管理应是根据树体的需要和土壤水分情况来进行。澳大利亚果园是在树冠内外不同深度的土层埋入探测土壤水分情况的张力计，根据张力计读数的变化来确定灌溉时间和数量。小苗种植后每周每株淋水 20 升，成年树（树冠面径宽 8 米）在较热的月份每周每株淋水 1 000～2 000 升。

根据叶片和土壤分析进行施肥是生产的方向，以下资料可供参考。

杂交种番荔枝在澳大利亚的叶片营养水平为：氮 2.5%～3.0%、磷 0.16%～0.2%、钾 1.0%～1.5%、钙 0.6%～1.0%、镁 0.35%～0.50%、铁 40～70 毫克/升、锰 30～90 毫克/升、锌 15～30 毫克/升、铜 10～20 毫克/升、硼15～40 毫克/升、钠 0.02%、氯 0.3%。普通番荔枝在广东的叶片营养水平为：氮 3.21%、磷 1.6%、钾 1.09%、钙 1.69%、镁 32%。

（二）番荔枝无公害施肥技术

番荔枝施肥原则是以有机肥为主，化肥为辅，有机肥与无机肥相结合施用。

幼树以迅速形成树冠为目的，除施足基肥外，每次新梢后宜短截、摘叶和追肥，以促进更多新梢萌发，肥料以氮为主。结果树则施完全肥料，在萌芽前、果实发育期、果实采收后 3 个时期施肥。全生育期每 7～12 天喷施一次氨基酸叶面肥，对提高产量和果实品质效果明显。施用番荔枝专用肥替代单质化肥其效果显著，高单质化肥。

1. 萌芽前追肥

萌芽前追肥俗称促梢促花肥。番荔枝当年的新梢量与开花结果呈正相关。新梢可在上一年的各类枝上萌发，即各类枝条都可成为结果母枝。故宜重施促梢促花肥，占全年施肥量的 40%，以氮为主，配以磷、钾。另外，番荔枝宜在 pH7～8 的土壤上生长，对钙反应良好。华南地区多为酸性土壤，故多施石灰对根系生长和果实发育有良好作用。一般在大部分叶片脱落至萌芽前施肥完毕，开花前还可根据树势适当补施或进行根外追肥。

2. 果实发育期追肥

果实发育期追肥俗称壮果肥。普通番荔枝无明显的生理落果期。小果横径 3～4 时可施追肥，占全年施肥量的 30%，以钾为主配合氮。因侧芽需落叶后才萌发，果实生长期间不会出现落叶现象，故多施肥也不会诱发大量新梢而导致落果。采前还可以根据树势适当补施，以提高品质。

3. 果实采收后施基肥

果实采收后施基肥俗称采果肥。普通番荔枝不是明显以秋梢为结果母枝，通常入秋后会自然落叶，营养生长减弱，故往往忽视采果后的施肥。普通番荔枝要到春暖萌芽前才全部落叶，故采果后（广州地区 9～10 月份）加强肥水供应不但可延长叶片寿命，还可减少落叶，增加树体贮藏养分，对翌年春天枝梢生长和开花结果均有良好作用。此次追肥应占全年施肥量的 30%，以氮为主，适当增加磷肥。

4. 普通番荔枝施肥

开花前每株施番荔枝专用肥 0.7～0.8 千克或氮、磷、钾 15—15—15 的复合肥 0.75 千克；坐果后施番荔枝专用复混肥 0.5 千克，果实膨大期施专用复混肥 0.5 千克，另加硫酸钾 0.4 千克；采果前根据结果量和果实大小补施专用复混肥 0.5～0.75 千克；采果后施优质农家粪便肥 15 千克、专用复混肥 0.5 千克、磷肥 1 千克。

据报道，台湾的番荔枝实行产期调节，年中除 4～6 月外，7 月至翌年 3 月份树上均有果。四年生树每株每年施腐熟鸡粪肥6～10千克，并随树龄增长酌增施量，有机肥在1～3月份全部施下。化学肥料分多次施用。第一次在冬季修剪前（1～3月份）施，磷肥施入全年总量的70%，磷、钾肥施入10%；第二次在正造果开花后幼果期（5～7月份）施，氮肥施入全年用量的35%，磷肥施入15%，钾肥施入30%；第三次在冬造果幼果期间（9～11月份）施，氮肥施入全年用量的35%，磷肥施入15%，钾肥施入30%；第四次在冬造果采收期（12至翌年2月份）施，氮肥施入全年用量的10%，钾肥施入30%。另外，10%的氮肥在下雨天或土壤湿润时撒施。施肥量情况可参考表50。

表50 番荔枝单株年施肥量（克/株·年）

树龄（年）	肥料三要素用量（克）			肥料用量（克）		
	氮	磷	钾	硫酸铵	过磷酸钙	氯化钾
1～2	100	60	50	467	333	83
3～4	300	200	150	1 429	1 111	250
5～6	500	350	300	2 381	1 944	500
7～8	850	500	450	4 048	2 778	750
9年以上	1 000	700	600	4 762	3 889	1 100

（三）番荔枝专用肥料配方

氮、磷、钾三大元素含量为30%的配方：

30%＝N13.6∶$P_2O_5$8.84∶K_2O7.62＝1∶0.65∶0.56

原料用量与养分含量（千克/吨产品）：

硫酸铵100　N＝100×21%＝21

S＝100×24.2%＝24.2

尿素216　N＝216×46%＝99.36

磷酸一铵 121　P_2O_5＝121×51％＝61.71

N＝121×11％＝13.31

过磷酸钙 150　P_2O_5＝150×16％＝24

CaO＝150×24％＝36

S＝150×13.9％＝20.85

钙镁磷肥 15　P_2O_5＝15×18％＝2.7

CaO＝15×45％＝6.75

MgO＝15×12％＝1.8

SiO_2＝15×20％＝3

氯化钾 127　K_2O＝127×60％＝76.20

Cl＝127×47.56％＝60.40

氨基酸硼 15　B＝15×10％＝1.5

氨基酸螯合锌、铁、铜、锰、钼、稀土 22

硝基腐植酸 100　HA＝100×60％＝60

N＝100×2.5％＝2.5

硝酸钙 31　Ca＝31×18％＝5.58

N＝31×14.5％＝4.5

氨基酸 30

生物制剂 25

增效剂 12

调理剂 36

十六、火龙果施肥技术与专用肥配方

（一）火龙果的需肥特点

火龙果较耐热、耐水、喜温暖潮湿、富含有机质的沙质土。

由于火龙果采收期长，要重施有机质肥料，氮、磷、钾复合肥要均衡长期施用。完全使用猪、鸡粪含氮量过高的肥料，使枝条较肥厚，深绿色且很脆，大风时易折断，所结果实较大且重，品质不佳，甜度低，甚至还有酸味或咸味。因此，开花结果期间要增施钾肥、镁肥和骨粉，以促进果实糖分积累，提高品质。

火龙果需肥量较大，种植前一定要施足基肥，果苗生长后，每月施肥2～3次，氮、磷、钾配合施，根据果树的不同生育期，改变氮磷钾的比例及增减肥量；适当补施微量元素；每年再增施有机肥1～2次。充足的水肥条件是火龙果获得高产稳产的关键所在。

火龙果茎上架后又往下弯垂1米左右，即开始开花。开花结果期从5月至11月每个时段都需要充足的水肥才能满足火龙果的要求。有高投入才能高产出。火龙果长得好不好，最重要的是看它的三棱茎长得饱满，才有充足的养份供给花果的生长。如果三棱茎扁平，即使能开花，果实也小，果的商用率低。

火龙果花期持续时间长，营养消耗较大，因此对肥料的需求量较大，特别是进入盛产期，更应加强对肥水的管理。

火龙果需要氮、磷、钾的比例一般为1∶0.7∶1.3，可见火龙果是喜钾果树。

火龙果同其他仙人掌类植物一样，生长量比常规果树要小，所以施肥要以充足、少量、多次为原则。

（二）火龙果无公害施肥技术

火龙果一年四季均可定植，但以3～11月份最好。定植前，每亩施充分腐熟的有机肥 2 000 千克和专用复混肥 50 千克。土壤深翻 30 厘米，耙平，顺行起垄，起垄后定植。定植时先挖 3～5 厘米深的小穴，每穴植入 1 株苗木，用少许表土覆盖即可。定植后不要立即浇水，3～5 天后再浇水，否则易腐烂死苗。

幼树（1～2 年生）以施氮肥为主，做到薄施勤施，促进树体生长。成龄树（3 年生以上）以施磷、钾肥为主，控制氮肥的施用量。

施肥应在春季新梢萌发期和果实膨大期进行，肥料一般以枯饼渣、鸡粪、猪粪按 1∶2∶7 配方，每年每株施有机肥 25 千克；或在每年 7 月、10 月和翌年 3 月份，每株各施牛粪堆肥 1.2 千克、专用复混肥 200 克。

火龙果的根系主要分布在表土层，所以施肥应采用撒施法，忌开沟深施，以免伤根。此外，每批幼果形成后，根外喷施氨基酸叶面肥和 0.3％硫酸镁＋0.2％硼砂＋0.3％磷酸二氢钾一次，以提高果实品质。

具体实施方案也可按以下方法进行：

定植当年以施氮肥为主，磷肥为辅，适当增施钾肥。于定植苗发芽后，追施一次稀薄人粪尿，每株施 1 千克左右，以后每隔 20 天左右追施一次加有 0.4％专用肥的人粪尿，一年追施 6～8 次，以促进幼树生长。进入结果期，每年 11 月份采果后施一次高质量的有机肥，肥料以腐熟好的鸡粪、羊粪等为主，混施专用复混肥和尿素，每株施有机肥 10 千克＋专用复混肥 1 千克＋尿素 0.5 千克；初春 3～4 月份，植株开始恢复生长，追施一次专用复混肥，每株施 0.5 千克，采用撒施法，忌开沟深施，以免伤根；5～11 月份开花结果期，以施有机液肥为主，用豆饼（或花生饼、芝麻饼）

与细米糠各50%加入堆肥生物菌种，充分发酵腐熟后稀释成有机液肥施用，根据开花结果的批次分批分次施入，重点是花蕾生长期和幼果膨大期，每次每株施1～2千克。经常喷施氨基酸叶面肥和0.3%尿素或0.5%磷酸二氢钾，以提高果实品质。每年3～4月份，表土适度干燥有利于火龙果形成花芽，5～11月份开花结果期，为促进果实膨大和花芽分化，遇旱及时浇水，保持土壤湿润；进入雨季，及时排水或用棚膜避雨，以防积水，冬季应控制水分，以增强植株的抗寒性。

火龙果植株的根系细胞渗透压极低，对土壤的含盐量高度敏感，如果施入盐类含量大于0.3%，就可能出现反渗透，而抑制根系生长。因此，火龙果施肥浓度应掌握宁淡勿浓，薄肥勤施为原则。肥料应以多钾、磷，少氮成分的肥料为主，宜多使用农家肥，如鸡、鸭、猪、牛、羊等畜禽粪腐熟后，混合土壤施用。动物的骨粉、蛋壳粉、碎贝壳粉含有丰富钙质，有利于植株健壮。草木灰不但是优质钾肥，而且富有碱性，施用后可调节土壤酸碱度，改良酸性土壤。北方的土壤大多为碱性，施入腐熟的鸡粪，可缓和其碱性。豆饼、花生饼等腐熟后施用效果好，不但可促使果实丰产，而且还能提高果实品质。另外，根据植株生长和结果需要，也可施用一定数量的化肥，如复合肥、钾、磷肥等，还应特别注意在挂果期施用富含多种微量元素的肥料。施用化肥应掌握少量多次的原则，最好混入农家肥中施用。施肥时期，定植成活后火龙果恢复生长则可少量施用液体肥料或复合肥料，以促进枝条抽生，如人粪尿腐熟后稀释10倍，每月施用1～2次。以后根据不同的生长阶段和植株大小，灵活掌握。一年按照不同的要求一般使用4次，分别是催梢肥、促花肥、壮果肥和复复壮肥，分别在3月、7月、10月和11月份。成龄植株每年施肥量农家肥不得低于5千克，产量高的每个月必须追加壮果肥。如果植株表现缺氮，老熟过快，表现生长量不够，可以每次施肥中添加总量低于0.3%氮肥(氮含量)。同时，针对不同区域土壤不同时期可能出现的营养元素和微量元素缺乏，结合农家肥适时添加。秋季过后天气转凉，植株生理活动缓慢，仅可少量施淡薄肥水，冬季大部分植株处于冬眠状态，应停止施肥。

施肥时间最好选择晴天的清晨或傍晚进行，施肥方法以土壤浅施、液体肥淋施、有机肥表施为好，尽量避免伤及根系。根外追肥也是火龙果常用施肥方式，可在火龙果的关键需肥期采用，如生长前期可喷施氨基酸叶面肥0.2%～0.3%尿素3～5次，促进枝条生长，后期可喷施氨基酸叶面肥和0.3%磷酸二氢钾3～4次，促进枝条成熟和果实发育。还可喷施硼、钙、锌、钼等微量元素，补充植株微量元素的不足。

(三) 火龙果专用肥料配方

氮、磷、钾三大元素含量为30%的配方：

$30\%=N10:P_2O_57:K_2O13=1:0.7:1.3$

原料用量与养分含量（千克/吨产品）：

硫酸铵100　$N=100\times21\%=21$

　　　　　$S=100\times24.2\%=24.2$

尿素142　$N=142\times46\%=65.32$

磷酸一铵85　$P_2O_5=85\times51\%=4.34$

　　　　　$N=85\times11\%=9.35$

过磷酸钙150　$P_2O_5=150\times16\%=24$

$CaO=150\times24\%=36$

$S=150\times13.9\%=20.85$

钙镁磷肥 15　$P_2O_5=15\times18\%=2.7$

$CaO=15\times45\%=6.75$

$MgO=15\times12\%=1.8$

$SiO_2=15\times20\%=3$

氯化钾 136　$K_2O=136\times60\%=81.60$

$Cl=136\times47.56\%=64.60$

硫酸钾 97　$K_2O=97\times50\%=48.50$

$S=97\times18.44\%=17.89$

氨基酸硼 15　$B=15\times10\%=1.5$

氨基酸螯合锌、铁、铜、锰、钼、稀土 22

硝基腐植酸铵 131　$HA=131\times60\%=78.6$

$N=131\times2.5\%=3.28$

氨基酸 40

生物制剂 25

增效剂 12

调理剂 30

十七、沙梨施肥技术与专用肥配方

（一）沙梨的需肥特点

沙梨产量较高，性喜肥沃土壤（生长在瘠薄土壤上的梨虽然也能结果，但果汁少，石细胞多，肉质硬，品质差），故施肥量应较一般果树为多。沙梨对氮、磷、钾肥的需求比例为 2.5∶1∶2.5，据报道，沙梨每生产 100 千克果实，需要纯量氮 0.3 千克、磷 0.15 千克、钾 0.3 千克。

沙梨保水保肥力差，应以施用腐熟的有机肥料为主。

一般每生产 1 000 千克沙梨果实，应施沙梨专用肥 30～50 千克或尿素 10 千克、过磷酸钙 15 千克、硫酸钾 8 千克，氮、磷、钾的比例为 $N:P_2O_5:K_2O=1:0.52:0.87$。

（二）沙梨无公害施肥技术

1. 施基肥

在沙梨苗（树）定植坑外，每年选相对两个方向挖 50 厘米深的施肥坑，将预备好的基肥与适量土壤混拌后填入，上盖一层土，掌握追肥坑逐年轮换方向，并不断向外扩展，这种土壤耕作方法叫“扩塘”（穴），它是保证梨树旺长和丰产的重要生产措施；化肥一般选在梨苗（树）树冠“滴水线”处挖环状浅沟，施入后覆一层土。

2. 成年树施肥

成年树施三次追肥一次基肥即可。入冬前施基肥，每产 100 千克果实施入施尿素 1 千克、过磷酸钙 1.5 千克、硫酸钾 0.8 千克或施沙梨专用肥 3～5 千克。

第一次在 2 月中旬施春肥。此次施肥主要是促进花器发育，提高坐果率，增强新梢生长，为 6～8 月份花芽分化作准备。由于梨树大多以短果枝结果为主，短枝一般在花后 15 天即停梢，如果春肥施用过迟，则枝梢生长过旺，不能及时停梢而影响果实肥大和花芽分化。故此次施肥宜早不宜迟，以萌芽前 10～15 天（2 月中下旬）施入为宜，速效氮肥结合有机肥施用，磷肥一次性施入全年用量的 60%，氮肥占全年的 25%左右，一般亩施畜禽粪水 2 000 千克和沙梨专用肥 60～70 千克或施尿素 15 千克、硫酸钾 15 千克、过磷酸钙 40 千克。

第二次施肥在 5 月上中旬施夏肥（壮果肥）。此时正值梨树叶片大量形成期（亮叶期），且幼果开始膨大，并为6～7 月份果实迅速膨大和 6～8 月份花芽分化提供足够养分，施肥量大，占全年 50%左右，一般亩施尿素 30 千克、硫酸钾 30 千克、畜禽粪水 4 000 千克。中晚熟品种，推迟到 6 月份施用。

第三次施肥在采果后（中晚熟品种应在采果前施）施秋肥。主要目的是保护叶片，提高花芽质量，为来年丰产积累养分，施肥量占全年 25%左右，一般亩施畜禽粪水 3000 千克、沙梨专用肥 30～40 千克或尿素 15 千克、硫酸钾 15 千克。

第四次施肥多在秋季入冬前施基肥，基肥可结合改土，施入有机肥，如畜禽肥、堆肥和配合一定量的磷肥，适当深施为好。强调施好基肥，加大有机肥的用量，是生产绿色食品（梨）的重要技术环节。

3. 叶面施肥

每次喷药时结合进行叶面施肥，喷施氨基酸叶面肥加入 0.2%的尿素和 0.2%的磷酸二氢钾，花期喷 0.1%的硼砂等。

施用速效性肥料时，则应少量多次施入，以免肥水流失。施肥方法可撒施、淘施、穴施、环施喷施。

（三）沙梨专用肥料配方

氮、磷、钾三大元素含量为 30%的配方：

$30\% = N12.56 : P_2O_5\ 6.53 : K_2O10.93 = 1 : 0.52 : 0.87$

原料用量与养分含量（千克/吨产品）：

硫酸铵 100　$N=100\times21\%=21$

$S=100\times24.2\%=24.2$

尿素 200　$N=200\times46\%=92$

磷酸一铵 76　$P_2O_5=76\times51\%=38.67$

$N=76\times11\%=8.36$

过磷酸钙 150　$P_2O_5=150\times16\%=24$

$CaO=150\times24\%=36$

$S=150\times13.9\%=20.85$

钙镁磷肥 15　$P_2O_5=15\times18\%=2.7$

$CaO=15\times45\%=6.75$

$MgO=15\times12\%=1.8$

$SiO_2=15\times20\%=3$

硫酸钾 219　$K_2O=219\times60\%=109.5$

$S=219\times18.44\%=40.38$

氨基酸硼 15　$B=15\times10\%=1.5$

氨基酸螯合锌、铁、铜、锰、稀土 22

硝基腐植酸铵 100　$HA=100\times60\%=60$

$N=100\times2.5\%=2.5$

氨基酸 36

生物制剂 25

增效剂 12

调理剂 30

附　　录

附录一　常见肥料的主要成分、性质及施用要点

表 1-1　常用氮肥的成分、性质和施用要点

肥料形态	肥料名称	含氮量（%）	酸碱性	性质和特点	施用技术要点
铵态氮	氨水	12～17	碱性	液体肥料呈强碱性，挥发性强，有渗漏问题有强烈的腐蚀性。	旱田施用无论作基肥或追肥都应开沟深施，水田可随水淌灌，贮运过程中应防挥发、防渗漏、防腐蚀。
	碳酸氢铵	16.8～17.5	弱碱性	易吸湿分解，易挥发。湿度越大，温度越高，分解越快。易溶于水。	贮存时要防潮，低温密闭。深施（10厘米左右）覆土，基肥、追肥均可，不可做种肥。
	硫酸铵	20～21	弱酸性	吸湿性小，是生理酸性肥料。易溶于水，作物易吸收。	宜作种肥，基肥、追肥均可。施于石灰性土壤应深施覆土，防止挥发，酸性土壤长期施用应配合有机肥或石灰。
	氯化铵	24～25	弱酸性	吸湿性小，是生理酸性肥料。易溶于水，作物易吸收。	作基肥、追肥均可，不宜作种肥。盐碱地和忌氯作物上不宜施用，施于水田效果比硫酸铵好。

（续）

肥料形态	肥料名称	含氮量（%）	酸碱性	性质和特点	施用技术要点
硝态氮	硝酸钙	13～15	中性	含氮钙质，可改善土壤结构，吸湿性强，是生理碱性肥料。	适于各种土壤、各类作物，不宜做种肥，水田不宜施用，作追肥效果好。贮存应防潮。
	硝酸铵	34～35	弱酸性	吸湿性强，易结块，是生理中性肥料，能助燃。	适于各类土壤、各种作物，吸湿性强，不宜做种肥，水田效果差。贮存时防潮，不要和易燃物同存一处，以免发生火灾。
酰胺态氮	尿素	45～46	中性	有一定的吸湿性，长期施用对土壤无不良影响。在土中转化与土壤酸度、湿度、温度有关，温度高时转化快。	作基肥适于各类土壤和各种作物，作追肥应比一般肥料提前3～5天，不宜做种肥，作为根外施肥最为理想。

表 1-2　常用磷肥的成分、性质和施用要点

种类	肥料名称	磷酸含量（P_2O_5,%）	性质与特点	施用技术要点
水溶性磷肥	普通过磷酸钙	12～18	粉状，灰白色，有吸湿性和腐蚀性，稍有酸味。所含磷酸大部分易溶于水，呈酸性反应。含40%～50%硫酸钙（$CaSO_4 \cdot 2H_2O$，即石膏）。	可作基肥、种肥、追肥和根外追肥，苗期施用能促进根系发育。应施于根层，表施效果差。适用于中性或碱性土壤，在酸性土上应配合施用石灰或有机肥料。

（续）

种类	肥料名称	磷酸含量（P_2O_5,%）	性质与特点	施用技术要点
水溶性磷肥	重过磷酸钙	36～52	灰白色粉状或颗粒状，有吸湿性，易溶于水，呈酸性反应。磷的含量相当于普通过磷酸钙的2倍或3倍，又称双料或三料过磷酸钙。	适于各类土壤、各种作物。作基肥、种肥、追肥均可。施用量比过磷酸钙减少一半以上。
枸溶性磷肥	钙镁磷肥	14～18	灰绿色粉状，不溶于水，不吸湿，不结块，呈碱性反应，磷酸溶于弱酸。在土壤中移动性小，不流失。	适于酸性土壤，一般作基肥用。浸出液用于蘸秧根，拌稻种，效果明显，在石灰性缺镁土壤上施用，有明显效果。
	钢渣磷肥	5～14	黑褐色粉末，碱性，稍有吸湿性，物理性状好。	适酸性土壤作基肥，不宜作追肥或种肥。与有机肥料混合堆沤后施用，效果更好。
	脱氟磷肥	20左右	深灰色粉末，不易吸湿结块，化学性质与钙镁磷肥相似。磷的含量随矿石质量而定。	适于酸性土壤作基肥。
	骨粉	22～33	灰白色粉末，不吸湿，含1%～3%的氮素。	适于酸性土壤作基肥，华北地区可与有机肥料堆沤后施用，肥效比磷矿粉高。

表 1-3 常用钾肥的成分、性质和施用要点

肥料名称	含钾量（K_2O,%）	性质和特点	施用技术要点
硫酸钾	48～52	白色或淡黄色晶体，易溶于水，吸湿性弱，作物易吸收利用，是生理酸性肥料。	适于各种作物，尤其是烟草、亚麻、葡萄、马铃薯、茶等忌氯作物，效果比氯化钾好。可作基肥或追肥，但应适当深施，集中施用，作基肥或早期追肥，效果比晚追肥好。能提高磷的利用率。
氯化钾	50～60	白色或粉红色结晶，易溶于水，吸湿性弱，作物易吸收利用，是生理酸性肥料。	与硫酸钾基本相同，对忌氯作物不宜使用。
窑灰钾肥	8～12	灰黄色或灰褐色细粒，松散轻浮，吸湿性强，为强碱性肥料，水溶液 pH9～11。	适于酸性土壤，粒散轻浮，撒施前应与适量湿土拌匀。
草木灰	5～10	主要成分能溶于水，碱性反应，含磷及各种微量元素。	适于各种土壤和作物，可作基肥或追肥，不可和人粪尿或铵态氮肥混用。

表 1-4　微量元素肥料的种类、性质和施用要点

种类	肥料名称	含量（%）		主要性状	施用要点
硼肥	硼砂	含硼	11	白色结晶或粉末，在40°C 热水中易溶，是常用的硼肥。	作基肥或追肥，亩施用量 0.5～1.0 千克。追肥宜早施，注意施匀。 硼酸根外追肥浓度 0.05%～0.1%或0.10%～0.3%溶液，每亩喷 50 千克左右，在作物由营养生长转入生殖生长时期喷施为好。 浸种，浓度一般 0.01%～0.05%，时间约6～12 小时。 搅种，一般每千克种子用 0.4～1.0 克硼酸或硼砂。 蘸秧根，浓度 0.1%～0.2%水溶液。
	硼酸		17.5	白色结晶或粉末，易溶于水，是常用的硼肥。	
	硼泥		0.5～2	主要成分溶于水，是硼砂、硼酸工业的废渣，含硼、镁，呈碱性，应中和后施用。	
钼肥	钼酸铵	含钼	50～54	青白或黄白色结晶。易溶于水，是常用钼肥。	作基肥、种肥或追肥。通常水溶性钼肥用作种子处理，钼渣用作基肥。一般肥效可持续数年。 浸种，浓度 0.05%～0.1%，一般浸 12 小时左右。 拌种，每千克种用 1～3 克。 根外追肥浓度 0.01%～0.1%，苗期或现蕾期喷 1～2 次。先将钼酸铵用少量热水溶解，再用冷水稀释备用。
	钼酸钠		35～39	青白色结晶，易溶于水。	
	钼渣		5～15	杂色粉末，难溶于水。有效钼（Mo）1%～3%。	

（续）

种类	肥料名称	含量（%）		主要性状	施用要点
锌肥	硫酸锌	含锌	23～35	白色或浅橘红色结晶，易溶于水，是常用锌肥。	作基肥、种肥或追肥，更适于种子处理和根外追肥。浸种浓度 0.02%～0.05%溶液，拌种每千克种子 2～6 克。
锰肥	硫酸锰	含锰	28～31	粉红色结晶，易溶于水。	作基肥、种肥和追肥，主要用于种子处理和根外追肥。基肥用量每亩 1～1.5 千克。浸种浓度 0.05%～0.1%溶液，12～24 小时，拌种每千克种子用 2～3 克。根外追肥，大田作物 0.1%～0.3%，果树 0.3%～0.4%。
铁肥	硫酸亚铁	含铁	19～20	淡绿色结晶，易溶于水，是常用的铁肥。	根外追肥浓度一般 0.2%～0.3%或0.3%～1%溶液，缓缓注入果树树干。
	硫酸亚铁铵		14	淡棕色结晶，易溶于水，是常用的铁肥。含氮 7%，含硫 16%。	用法与硫酸亚铁相似。
铜肥	硫酸铜	含铜	24～25	蓝色结晶，易溶于水，是常用的铜肥。	基肥每亩 1～2 千克，每隔 3～5 年施一次，拌种每千克种子用量不超过 2～4 克（最安全用量 0.6～1.2 克）。浸种，浓度 0.01%～0.05%，12 小时。根外追肥浓度 0.1%～0.2%，可在溶液中加少量热石灰（0.15%～0.25%），以防药害。

表 1-5 各种复合肥的主要成分、性质及施用要点

肥料类型	肥料名称	主要成分的化学分子式	养分含量（%）	酸碱性	溶解性	物理性状	施用要点
氮磷二元复合肥	硝酸磷肥	$CaHPO_4+NH_4H_2PO_4+Ca(NO_3)_2$	N20 P_2O_5 20	中性	水溶性	吸湿性强，易结块	与过磷酸钙施用方法基本相同，氮、磷比例为1∶6，适当补施氮肥。
	磷酸一铵	$NH_4H_2PO_4$	N12.2 P_2O_5 61.8	中性	水溶性	—	适于各类土壤、各种作物，作基肥。如作追肥，宜早施。作种肥，不能与种子直接接触，且用量要少。
	磷酸二铵	$(NH_4)_2HPO_4$	N 21.2 P_2O_5 53.8	中性	水溶性	有吸湿性	
磷钾二元复合肥	氨化过磷酸钙	$NH_4H_2PO_4 \cdot CaHPO_4 \cdot (NH_4)_2SO_4$	N 2～3 P_2O_5 14～18	碱性	溶于水、柠檬酸	有吸湿性	与过磷酸钙施用方法基本相同，氮、磷比例为1∶6，适当补施氮肥。
	磷酸二氢钾	KH_2PO_4	P_2O_5 24 K_2O 27	酸性	水溶性	吸湿性小	多用于根外追肥或浸种，喷施浓度0.1%～0.3%，浸种浓度为0.2%。

（续）

肥料类型	肥料名称	主要成分的化学分子式	养分含量（%）	酸碱性	溶解性	物理性状	施用要点
氮钾二元复合肥	硝酸钾	KNO_3	N13 K_2O46	中性	水溶性	稍有吸湿性	作喜钾、对氯敏感作物的追肥。水田不宜施用。根外追肥，生长后期补钾，浓度 0.6%～1.0%。
氮磷钾三元复合肥	氮磷钾复合肥	$CO(NH_2)_2$ · $(NH_4)_2HPO_4$ · K_2SO_4	N10 $P_2O_5$10 K_2O10	中性	水溶性 弱酸溶性	—	作基肥，不足的氮素可用单质氮肥以追肥方式补充。

表 1-6 常见含钙、镁、硫、硅肥料的主要成分

表 1-6-1 常见含钙肥料的成分与主要性质

名称	主要成分	氧化钙(CaO)含量(%)	主要性质
石灰石粉	$CaCO_3$	52（44.8～56.0）	碱性，难溶于水
生石灰（石灰岩烧制）	CaO	90（84.0～96.0）	碱性，难溶于水
生石灰（牡蛎蚌壳烧制）	CaO	52（50.0～53.0）	碱性，难溶于水
生石灰（白云岩烧制）	CaO、MgO	43（26.0～58.0）	碱性，难溶于水

（续）

名　称	主要成分	氧化钙(CaO)含量(%)	主要性质
熟石灰（消石灰）	Ca $(OH)_2$	70（64.0～75.0）	碱性，难溶于水
普通石膏	$CaSO \cdot 2H_2O$	26.0～32.6	微溶于水
磷石膏	$CaSO_4 \cdot Ca_3$ $(PO_4)_2$	20.8	微溶于水
普通过磷酸钙	Ca $(H_2PO_4)_2 \cdot H_2O$，$CaSO_4 \cdot 2H_2O$	23（16.5～28）	酸性，溶于水
重过磷酸钙	Ca $(H_2PO_4)_2 \cdot H_2O$	20（19.6～20）	酸性，溶于水
钙镁磷肥	α - Ca_3 $(PO_4)_2 \cdot CaSiO_3 \cdot MgSiO_3$	27（25～30）	微碱性，弱酸溶性
氯化钙	$CaCl_2 \cdot 2H_2O$	47.3	中性，溶于水
硝酸钙	Ca $(NO_3)_2$	29（26.6～34.2）	中性，溶于水
窑灰钾肥	$K_2SiO_3 \cdot KCl \cdot K_2SO_4 \cdot K_2CO_3 \cdot CaO$	30～40	水溶液呈碱性
粉煤灰	$SiO_2 \cdot Al_2O_3 \cdot Fe_2O_3 \cdot CaO \cdot MgO$	20（2.5～46）	难溶于水
硅钙肥	$CaMgSi_2O_3$	39（30～48）	难溶于水
草木灰	$K_2CO_3 \cdot K_2SO_4 \cdot CaSiO_3 \cdot KCl$	16.2（0.89～25.2）	水溶液呈碱性
骨粉	Ca_3 $(PO_4)_2$	26～27	难溶于水
厩肥		5.74	
泥炭		0.9（0.39～1.42）	

注：CaO（%）＝Ca（%）×1.4。

表 1-6-2　常见含镁肥料的成分、MgO 含量与主要性质

名　称	分子式	氧化镁（MgO）含量（%）	主要性质
硫酸镁	$MgSO_4 \cdot 7H_2O$	约 16	酸性，易溶于水
氯化镁	$MgCl_2 \cdot 6H_2O$	约 20	酸性，易溶于水
菱镁矿	$MgCO_3$	45	中性，易溶于水
氧化镁	MgO	约 55	碱性
钾镁肥	$MgCl_2 \cdot K_2SO_4$	27	碱性，易溶于水
钙镁磷肥	$MgSiO_3$	10～15	微碱，难溶于水
白云石粉	$CaO \cdot MgO$	14	碱性，难溶于水
石灰石粉	$CaCO_3$	7～8	碱性，难溶于水
有机肥料		0.15～1	

注：MgO（%）＝Mg（%）×1.66。

表 1-6-3　常见含硫肥料的成分与主要性质

肥料种类	分子式	营养成分（%）					主要性质
		N	P_2O_5	K_2O	S	其他	
磷铵复合肥料	$NH_4H_2PO_4 \cdot (NH_4)_2HPO_4$	11	48	0	4.5		
硫酸铵溶液	$(NH_4)_2SO_4$	74	0	0	10		溶于水
亚硫酸氢铵	NH_4HSO_3	14.1	0	0	32.3		

（续）

肥料种类	分子式	营养成分（%）					主要性质
		N	P_2O_5	K_2O	S	其他	
亚硫酸氢铵溶液	—	8.5	0	0	17		
硝酸一硫酸铵	—	30	0	0	5		
硫酸铵	$(NH_4)_2SO_4$	21	0	0	24.2		酸性，易溶
碱性炉渣(托马斯磷肥)	—	0	15.6	0	3		
硫酸钴	$CoSO_4 \cdot 7H_2O$	0	0	0	11.4	21（Co）	溶于水
五水硫酸铜	$CuSO_4 \cdot 5H_2O$	0	0	0	12.84	25（Cu）	酸性，溶于水
硫酸亚铁铵	$FeSO_4(NH_4)_2 \cdot 6H_2O$	7	0	0	16	14（Fe）	酸性或中性溶水
硫酸亚铁	$FeSO_4 \cdot H_2O$	0	0	0	18.8	32.8（Fe）	溶于水
七水硫酸亚铁	$FeSO_4 \cdot 7H_2O$	0	0	0	11.63	19（Fe）	酸性，溶于水
石膏（水合的）	$CaSO_4 \cdot 2H_2O$	0	0	0	18.6	32.6（CaO）	酸性，溶于水
钾盐镁矾	$MgSO_4 \cdot KCl \cdot 3H_2O$	0	0	19	12.9	9.7（Mg）	
无水钾镁矾	$K_2SO_4 \cdot 2MgSO_4$	0	0	21.8	22.8	8～11(MgO)	
硫酸镁(泻盐)	$MgSO_4$	0	0	0	13	9.8（Mg）	溶于水
七水硫酸镁	$MgSO_4 \cdot 7H_2O$	0	0	0	13	16.35(MgO)	酸性，易溶水

（续）

肥料种类	分子式	营养成分（%）					主要性质
		N	P_2O_5	K_2O	S	其他	
三水硫酸锰	$MnSO_4 \cdot 3H_2O$	0	0	0	21.2	27（Mn）	酸性，溶于水
硫酸钾	K_2SO_4	0	0	50	17.6		酸性，溶于水
亚硝酸钠	$NaNO_2$	0	0	0	26.5		碱性，易溶水
硫黄	S	0	0	0	95～99		酸性，不溶水
普通过磷酸钙	$Ca(H_2PO_4)_2 \cdot H_2O$	0	14～16	0	13.9		酸性，部分溶于水
尿素—硫黄	—	40	0	0	10		
硫酸锌	$ZnSO_4 \cdot H_2O$	0	0	0	17.8	36.4（Zn）	可溶
七水硫酸锌	$ZnSO_4 \cdot 7H_2O$	0	0	0	11	23（Zn）	酸性，溶于水

表 1-6-4　硅肥的技术指标

项　目		指　标	
		优等品	一等品
有效二氧化硅（SiO_2）含量	≥%	25	20
有效氧化钙（CaO）含量	≥%	35	30
水分（H_2O）含量	≤%	1	1
细度：通过 250 微米标准筛	≥%	80	80

表 1-6-5 常见含硅物料

物料名称	二氧化硅含量（%）	其他成分含量（变幅）（%）
硅酸钠	55.0～60.0	—
硅镁钾盐	35.0～46.0	钾（K_2O）7.50（6.00～9.00）
石灰石粉	5.0	—
磷矿粉	9.8	磷（P_2O_5）25.00（14.00～40.00）
钙镁磷肥	40.0	磷（P_2O_5）16.50（14.00～20.00）
钢渣磷肥	25.0（24.0～27.0）	磷（P_2O_5）12.50（6.00～20.00）
窑灰钾肥	16.0～17.0	钾（K_2O）12.60（6.00～20.00）
钾钙肥	35.0	钾（K_2O）3.50（1.00～5.00）
粉煤灰	50.0～60.0	钾（K_2O）1.20，磷（P_2O_5）0.10
厩肥	4.0～5.0	氮（N）0.93，磷（P_2O_5）1.00，钾（K_2O）1.31
钾长石	58.0～65.0	钾（K_2O）8～16

附录二　常见有机肥料的主要成分含量

表 2-1　高温堆肥养分含量

分析项目	烘干基			鲜基		
	样本数	平均值	95%置信限	样本数	平均值	95%置信限
水分（%）				33	41.626	34.978～48.274
有机碳（%）	48	11.000	7.345～14.656	32	4.352	2.502～6.201
粗有机物（%）	55	24.142	20.070～28.210	32	12.834	9.935～15.733
全氮（%）	64	0.663	0.560～0.766	32	0.277	0.201～0.353
C/N	44	13.764	12.514～15.013	44	13.764	12.515～15.013
全磷（%）	65	0.235	0.151～0.320	33	0.066	0.047～0.084
全钾（%）	65	1.214	1.106～1.321	33	0.596	0.502～0.691
pH				56	7.530	7.390～7.671
灰分（%）	43	70.569	64.759～76.379	29	45.096	38.529～51.664
钙（%）	50	3.047	2.575～3.518	33	1.959	1.556～2.362
镁（%）	49	0.640	0.528～0.751	33	0.380	0.271～0.489

（续）

分析项目	烘干基			鲜基		
	样本数	平均值	95%置信限	样本数	平均值	95%置信限
钠（%）	2	3.130				
铜（毫克/千克）	5	30.900	27.293～34.507	4	31.575	
锌（毫克/千克）	5	67.300	60.973～73.627	4	173.221	
铁（毫克/千克）	5	14 567.960	11 967.225～17 168.695	4	4 200.944	
锰（毫克/千克）	5	414.580	356.250～472.90	4	233.234	
硼（毫克/千克）	5	2.744	1.693～3.795			
硫（%）	46	0.043	0.003～0.088	31	0.005	0.004～0.007
铵态氮（毫克/千克）				6	67.460	
速效氮（毫克/千克）				19	349.226	140.859～557.594

表 2-2　普通堆肥养分含量

分析项目	鲜基		
	样本数	平均值	95%置信限
水分（%）	36	39.549	35.324～43.774

（续）

分析项目	鲜　基		
	样本数	平均值	95%置信限
有机碳（%）	36	2.397	1.998～2.796
粗有机物（%）	36	9.379	8.268～10.491
全氮（%）	36	0.183	0.158～0.208
C/N	55	13.838	12.800～14.877
全磷（%）	36	0.067	0.046～0.089
全钾（%）	36	0.561	0.506～0.616
pH	55	7.500	7.351～7.649
灰分（%）	31	48.172	43.741～52.603
钙（%）	36	1.934	1.539～2.329
镁（%）	36	0.421	0.317～0.525
铜（毫克/千克）	3	20.542	
锌（毫克/千克）	4	118.063	
铁（毫克/千克）	4	3 085.245	
锰（毫克/千克）	4	240.124	

（续）

分析项目	鲜基		
	样本数	平均值	95%置信限
硼（毫克/千克）	2	4.818	
铵态氮（毫克/千克）	11	9.664	3.131～16.196
速效氮（毫克/千克）	23	75.765	44.977～106.554
硫（%）	35	0.004	0.003～0.005

表 2-3　各种秸秆养分含量（烘干基）（毫克/千克）

品　种	粗有机物（%）	C/N	全氮（N）	全磷（P）	全钾（K）	钙（Ca）	镁（Mg）	硫（S）	硅（Si）	品质分级
大豆秸	89.7	29.3	1.81	0.20	1.17	1.71	0.48	0.21	1.58	2
绿豆秸	85.5		1.58	0.24	1.07					2
蚕豆秸	78.8	29.9	2.45	0.24	1.71	0.62	0.29	0.32	2.03	3
豌豆秸	57.3		2.57	0.21	1.08					3
高粱秸	79.6	46.7	1.25	0.15	1.43	0.46	0.19		3.19	3
谷子秸	93.4		0.82	0.10	1.75					3

（续）

品 种	粗有机物（%）	C/N	全氮（N）	全磷（P）	全钾（K）	钙（Ca）	镁（Mg）	硫（S）	硅（Si）	品质分级
大麦秸	92.5	76.6	0.56	0.09	1.37	0.35	0.09	0.10	2.73	3
荞麦秸	87.8	50.5	0.80	1.91	2.12	1.62	0.37	0.14	0.97	2
甘薯藤	83.4	14.2	2.37	0.28	3.05	2.11	0.46	0.30	1.76	2
马铃薯茎	80.2		2.65	0.27	3.96	3.03	0.58	0.37	2.43	2
油菜秸	85.0	55.0	0.87	0.14	1.94	1.52	0.25	0.44	0.58	3
花生秸	88.6	23.9	1.82	0.16	1.09	1.76	0.56	0.14	2.79	2
向日葵秆	92.0		0.82	0.11	1.77	1.58	0.31	0.17	0.62	3
棉 秆	90.9		1.24	0.15	1.02	0.85	0.28	0.17		3
麻 秆	91.9	41.2	1.31	0.06	0.50					3
甘蔗茎叶	91.1	49.1	1.10	0.14	1.10	0.88	0.21	0.29	4.13	3
烟 秆	91.7	31.2	1.44	0.17	1.85	1.49	0.19	0.27	1.59	3
西瓜藤	80.2	20.2	2.58	0.23	1.97	4.64	0.83	0.24	3.01	2
冬瓜藤	82.5		3.43	0.52	2.77					1
南瓜藤	81.7		4.35	0.65	2.47					1

（续）

品　种	粗有机物（%）	C/N	全氮（N）	全磷（P）	全钾（K）	钙（Ca）	镁（Mg）	硫（S）	硅（Si）	品质分级
黄瓜藤	75.1		3.18	0.45	1.62					2
辣椒秆	87.8	13.9	3.27	0.30	4.49					1
番茄秆	81.6	16.9	2.05	0.24	2.21					2
洋葱茎叶	79.3		2.89	0.37	2.02	1.34	0.24	0.77		2
芋头茎叶	79.0		2.21	0.45	5.68					2
香蕉茎叶	83.6	21.0	1.91	0.20	3.67					2

品　种	铜（Cu）	锌（Zn）	铁（Fe）	锰（Mn）	硼（B）	钼（Mo）
大豆秸	11.9	27.8	536	70.1	24.4	1.09
蚕豆秸	24.7	51.6	1 240	323	7.4	1.16
高粱秸	14.3	46.6	254	127	7.2	0.34
谷子秸	14.3	46.6	254	127	7.2	0.34
大麦秸	10.1	32.1	179	66.4	4.7	0.30
荞麦秸	4.9	27.9	772	102	13.1	0.31

（续）

品　种	铜（Cu）	锌（Zn）	铁（Fe）	锰（Mn）	硼（B）	钼（Mo）
甘薯藤	12.6	26.5	1 023	119	31.2	0.67
马铃薯茎	14.3	53.0	1 952	145	17.4	0.69
油菜秸	8.5	38.1	442	42.7	18.5	1.03
花生秸	9.7	34.1	994	164	26.1	0.59
向日葵秆	10.2	21.6	259	30.9	19.5	0.37
甘蔗茎叶	6.8	21.0	271	140	5.58	1.14
烟　秆	14.9	33.5	616	50.7	16.8	0.48
西瓜藤	13.0	43.6			17.0	0.49

注：表中豌豆为菜用。

表 2-4　各种饼肥养分含量（%）

种　类	N	P_2O_5	K_2O	种　类	N	P_2O_5	K_2O
大豆饼	7.00	1.32	2.13	大麻饼	5.05	2.40	1.35
芝麻饼	5.80	3.00	1.30	柏籽饼	5.16	1.89	1.19
花生饼	6.32	1.17	1.34	苍耳籽饼	4.47	2.50	1.47

（续）

种　类	N	P_2O_5	K_2O	种　类	N	P_2O_5	K_2O
棉籽饼	3.41	1.63	0.97	葵花籽饼	5.40	2.70	—
棉仁饼	5.32	2.50	1.77	大米糠饼	2.33	3.01	1.76
菜籽饼	4.60	2.48	1.40	茶籽饼	1.11	0.37	1.23
杏仁饼	4.56	1.35	0.85	桐籽饼	3.60	1.30	1.30
蓖麻籽饼	5.00	2.00	1.90	花椒籽饼	2.06	0.71	2.50
胡麻饼	5.79	2.81	1.27	苏子饼	5.84	2.04	1.17
椰子饼	3.74	1.30	1.96	椿树子饼	2.70	1.21	1.78

表 2-5　常见草木灰的养分含量（%）

种　类	K_2O	P_2O_5	CaO
小杉木灰	10.95	3.10	22.09
松木灰	12.44	3.41	25.18
小灌木灰	5.92	3.14	25.09
禾本科草灰	8.09	2.30	10.72

（续）

种 类	K_2O	P_2O_5	CaO
棉子壳灰	5.80	1.20	5.92
稻草灰	8.09	0.59	1.92
芦苇灰	1.75	0.24	—
谷糠灰	1.82	0.16	—
竹秆灰	5.56	1.89	—
垃圾灰	1.98	1.67	—
灶 灰	4.52	1.39	—
山土灰	1.07	0.21	—

表 2-6 常见人、畜、禽粪便养分含量

表 2-6-1 人粪尿养分含量（鲜样）

（克/千克）

品 种	粗有机质	全氮	全磷	全钾
人 粪	144	11.3	2.6	3.0
人 尿	12	5.3	0.4	1.4
人粪尿	48	6.4	1.1	1.9

表 2-6-2　猪、牛粪尿养分平均含量（鲜样）　（克/千克）

品　种	粗有机质	N	P	K	Ca	Mg	S
猪　粪	183	5.5	2.4	2.9	4.9	2.2	1.0
猪　尿	8	1.7	0.2	1.6	0.1	0.1	0.2
猪粪尿	38	24	0.7	1.7	3.0	1.0	0.7
牛　粪	149.0	3.8	1.0	2.3	18.4	4.7	3.1
牛　尿	28.0	5.0	0.17	9.1	0.6	0.5	0.4
牛粪尿	78.0	3.5	0.82	4.2	4.0	1.0	0.7

表 2-6-3　家禽粪便养分含量（烘干基）　（克/千克）

品　种	粗有机质		全　氮		全　磷		全　钾	
	样本数	平均值	样本数	平均值	样本数	平均值	样本数	平均值
鸡　粪	3 160	494.8	3 580	23.4	3 490	9.3	3 590	16.0
鸭　粪	1 770	434.9	1 950	16.6	1 950	8.8	1 920	13.7
鹅　粪	1 560	492.8	1 710	16.4	1 720	6.7	1 700	17.4

表 2-7 糟渣肥的养分含量（%）

种 类	氮（N）	磷酸（P_2O_5）	氧化钾（K_2O）
啤酒糟	0.78	0.39	0.04
酱油渣（半干）	2.46	0.47	0.45
芝麻酱渣	6.59	3.30	1.30
粉渣（甘薯）	0.26	0.19	—
豆腐渣（湿）	0.68	0.12	0.17
豆渣（干）	2.51	0.30	0.43
醋糟（干）	2.54	0.42	0.09
可可壳	2.50	0.75	2.50
粉渣（马铃薯）	1.00	0.18	—
咖啡渣	2.32	0.46	1.29
味精渣	1.83	0.92	—
麦芽渣	3.68	1.82	2.08
氨基酸渣	2.26	0.41	—
饴糖渣（干）	6.68	1.30	—
薄荷渣（湿）	0.63	0.33	0.71
甘蔗渣	1.00	4.20	3.30
糖用甜菜渣	0.40	1.50	0.15
烟草碎末	2.40	0.40	3.00

表 2-8 厩肥养分平均值（风干，%）

成分	最高	最低	平均
有机质	58.60	8.54	31.67
矿物质	91.46	54.19	73.40
氮（N）	1.88	0.35	0.93
磷酸（P_2O_5）	2.40	0.12	1.00
氧化钾（K_2O）	2.42	0.17	1.31
氧化钙（CaO）	11.02	1.71	5.74
氧化镁（MgO）	2.19	0.58	1.13
碳（C）	30.90	1.49	11.84
C/N	18.30	4.5	9.50
pH	7.90	7.20	7.36
氧化钠（Na_2O）	0.45	0.01	0.13
硅（Si）	16.4	0.01	4.5
水分	—	—	75.1
I_2（毫克/千克）	11.9	0.3	1.9

附录三　肥料混合参考图

○可以混合
◎可以混合，须随混随用
×不可混合

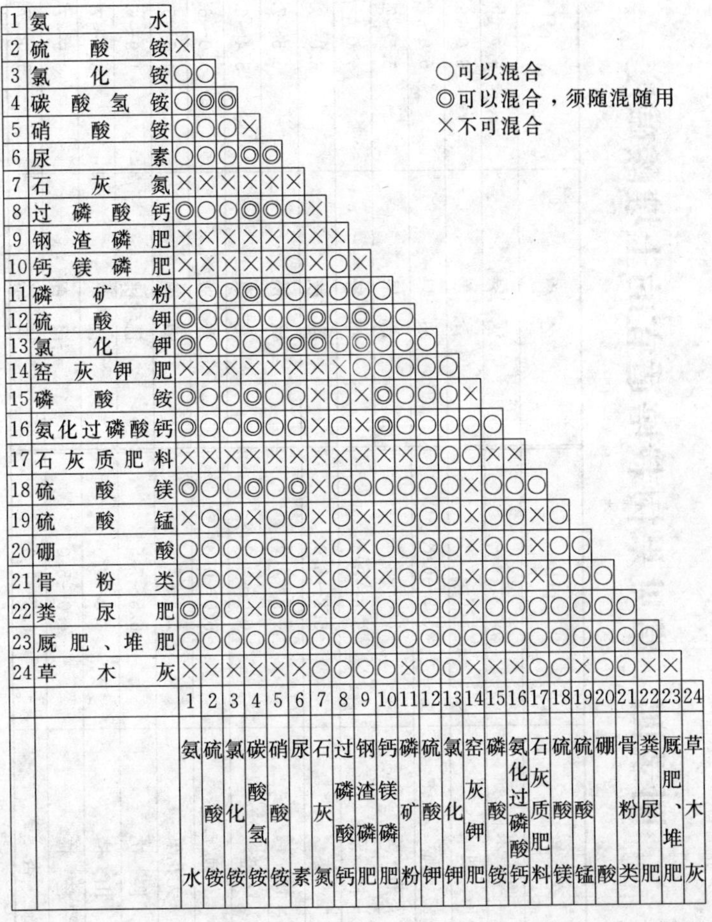

		1	2	3	4	5	6	7	8	9	10	11	12	13	14	15	16	17	18	19	20	21	22	23	24
1	氨水																								
2	硫酸铵	×																							
3	氯化铵	○	○																						
4	碳酸氢铵	○	◎	◎																					
5	硝酸铵	○	○	○	×																				
6	尿素	○	○	○	◎	◎																			
7	石灰氮	×	×	×	×	×	×																		
8	过磷酸钙	◎	○	○	◎	◎	○	×																	
9	钢渣磷肥	×	×	×	×	×	×	×	×																
10	钙镁磷肥	×	×	×	×	×	○	×	○	×															
11	磷矿粉	×	○	○	◎	○	○	×	○	○	○														
12	硫酸钾	◎	○	○	○	○	○	◎	○	◎	○	○													
13	氯化钾	◎	○	○	○	○	◎	◎	○	◎	○	○	○												
14	窑灰钾肥	×	×	×	×	×	×	×	×	○	○	○	○	○											
15	磷酸铵	◎	○	○	◎	○	○	×	○	×	◎	○	○	○	×										
16	氨化过磷酸钙	◎	○	○	◎	○	○	×	○	×	◎	○	○	○	○	○									
17	石灰质肥料	×	×	×	×	×	×	×	×	×	×	×	○	○	○	×	×								
18	硫酸镁	◎	○	○	◎	○	◎	×	○	○	○	○	○	○	×	○	○	○							
19	硫酸锰	×	○	○	×	○	○	×	○	×	×	○	○	○	×	○	○	×	○						
20	硼酸	○	○	○	○	○	○	×	○	×	○	○	○	○	×	○	○	×	○	○					
21	骨粉类	○	○	○	×	○	○	×	○	×	×	○	○	○	×	○	○	×	○	○	○				
22	粪尿肥	◎	○	○	×	◎	◎	×	○	×	○	○	○	○	×	○	○	○	○	○	○	○			
23	厩肥、堆肥	○	○	○	○	○	○	○	○	○	○	○	○	○	○	○	○	○	○	○	○	○	○		
24	草木灰	×	×	×	×	×	×	○	○	○	○	×	○	○	×	×	×	○	○	×	○	○	×	×	
		氨水	硫酸铵	氯化铵	碳酸氢铵	硝酸铵	尿素	石灰氮	过磷酸钙	钢渣磷肥	钙镁磷肥	磷矿粉	硫酸钾	氯化钾	窑灰钾肥	磷酸铵	氨化过磷酸钙	石灰质肥料	硫酸镁	硫酸锰	硼酸	骨粉类	粪尿肥	厩肥、堆肥	草木灰

附录四　常见果树栽培适宜的土壤酸碱度

名　称	pH	名　称	pH
苹　果	5.4～6.8	菠　萝	4.5～5.5
梨	5.6～7.2	香　蕉	6.0～6.5
桃	5.2～6.8	油　梨	6.0～7.0
葡　萄	5.8～7.5	芒　果	5.5～7.5
板　栗	5.6～6.5	椰　子	7.0左右
枣	5.2～8.0	荔　枝	6.0～7.5
柑　橘	5.5～6.5	核　桃	6.5～7.5
橙	6.0～7.0	龙　眼	5.4～6.5
柿	5.0～6.8	香　榧	5.0～6.5
无花果	7.2～7.5	橄　榄	4.5～5.0
樱　桃	6.5～7.5	猕猴桃	4.9～6.7
山　楂	6.0～7.5	枇　杷	6.6～7.0
杨　梅	4.0～5.0	银　杏	6.5～7.5
杏	6.8～7.9	腰　果	6.0～7.5

附录五　化肥单位用量换算表

表 5-1　氮素单位用量换算成含氮肥料和复合（混）肥料单位用量（千克）

氮用量	硫酸铵（21%N）	硝硫酸铵（26%N）	硝酸铵钙/氯化铵（25%N）	硝酸钙（34%N）	硝酸铵（15.5%N）	硝酸钠/硫磷酸铵 16-20-0（16%N）	尿素（46%N）	尿素硝酸铵 28-28-0（28%N）
10	48	38	40	29	65	43	22	36
20	95	77	80	59	129	125	43	71
30	143	115	120	88	194	188	65	107
40	190	154	160	118	258	250	87	143
50	238	192	200	147	323	313	109	179
60	286	231	240	176	387	375	130	214
70	334	269	280	206	452	438	152	250
80	380	308	320	235	516	500	174	286
90	428	346	360	265	581	563	195	321
100	476	385	400	294	645	625	217	357

（续）

氮用量	硫酸铵（21%N）	硝硫酸铵（26%N）	硝酸铵钙/氯化铵（25%N）	硝酸铵（34%N）	硝酸铵（15.5%N）	硝酸钠/硫磷酸铵 16-20-0（16%N）	尿素（46%N）	尿素硝酸铵 28-28-0（28%N）
110	524	423	440	324	710	688	239	393
120	571	462	480	353	774	750	361	429
130	619	500	520	382	839	813	283	464
140	666	538	560	412	903	875	304	500
150	714	577	600	441	968	938	326	536

表 5-2　磷酸盐（P_2O_5）单位用量换算成含磷肥料和复合（混）肥料单位用量（千克）

磷酸盐（P_2O_5）的用量	过磷酸钙（14%P_2O_5）	过磷酸钙（18%P_2O_5）	重过磷酸钙/磷酸二铵（46%P_2O_5）	尿素磷酸铵 28-28-0（28%P_2O_5）	硫磷酸铵 16-20-0（20%P_2O_5）
10	71	56	22	36	50
15	107	83	33	54	75
20	143	111	43	71	100
30	214	167	65	107	150

（续）

磷酸盐（P_2O_5）的用量	过磷酸钙（14%P_2O_5）	过磷酸钙（18%P_2O_5）	重过磷酸钙/磷酸二铵（46%P_2O_5）	尿素磷酸铵 28-28-0（28%P_2O_5）	硫磷酸铵 16-20-0（20%P_2O_5）
40	286	222	87	143	200
50	357	278	109	179	250
60	429	333	130	214	300
70	500	389	152	250	350
80	571	444	174	286	400
90	643	500	196	321	450
100	714	556	217	357	500

表 5-3 钾（K_2O）单位用量换算成钾肥或复合（混）肥料单位用量（千克）

钾（K_2O）的用量	氯化钾（60%K_2O）	硫酸钾（48%K_2O）
10	17	21
20	33	42
30	50	63
40	67	83

（续）

钾（K_2O）的用量	氯化钾（60%K_2O）	硫酸钾（48%K_2O）
50	83	104
60	100	125
70	117	146
80	133	167
90	150	188
100	167	208

附录六　化肥换算系数表

$N \times 1.2159 = NH_3$	$NH_3 \times 0.8225 = N$
$N \times 5.6438 = NH_4HCO_3$	$NH_4HCO_3 \times 0.1772 = N$
$N \times 3.8190 = NH_4Cl$	$NH_4Cl \times 0.2418 = N$
$N \times 2.8571 = NH_4NO_3$	$NH_4NO_3 \times 0.35 = N$
$N \times 6.4309 = NH_4NO_3 \cdot CaCO_3$	$NH_4NO_3 \cdot CaCO_3 \times 0.1555 = N$
$N \times 3.7864 = NH_4NO_3 \cdot (NH_4)_2SO_4$	$NH_4NO_3 \cdot (NH_4)_2SO_4 \times 0.2641 = N$

（续）

$N\times3.4770=2NH_4NO_3\cdot(NH_4)_2SO_4$	$2NH_4NO_3\cdot(NH_4)_2SO_4\times0.2876=N$
$N\times3.3222=3NH_4NO_3\cdot(NH_4)_2SO_4$	$3NH_4NO_3\cdot(NH_4)_2SO_4\times0.3010=N$
$N\times2.1436=CO(NH_2)_2$（尿素）	$CO(NH_2)_2\times0.4665=N$
$N\times3.4305=CO(NH_2)_2\cdot(NH_4)_2SO_4$	$CO(NH_2)_2\cdot(NH_4)_2SO_4\times0.2915=N$
$N\times4.717=(NH_4)_2SO_4$	$(NH_4)_2SO_4\times0.2120=N$
$N\times14.0056=(NH_4)_2SO_4\cdot FeSO_4\cdot6H_2O$	$(NH_4)_2SO_4\cdot FeSO_4\cdot6H_2O\times0.0714=N$
$N\times7.0751==NH_4HSO_3$	$NH_4HSO_3\times0.1413=N$
$N\times5.2910=(NH_4)_2S_2O_3$	$(NH_4)_2S_2O_3\times0.1890=N$
$N\times8.2122=NH_4H_2PO_4$	$NH_4H_2PO_4\times0.1218=N$
$N\times4.7125=(NH_4)_2HPO_4$	$(NH_4)_2HPO_4\times0.2122=N$
$N\times13.3414=Fe(NH_4)PO_4\cdot H_2O$	$Fe(NH_4)PO_4\cdot H_2O\times0.0750=N$
$N\times17.7654=Fe(NH_4)HP_2O_7$	$Fe(NH_4)HP_2O_7\times0.0563=N$
$N\times5.6433=H_3PO_4\cdot CO(NH_2)_2$	$H_3PO_4\cdot CO(NH_2)_2\times0.1772=N$
$N\times6.9260=NH_4PO_3$	$NH_4PO_3\times0.1444=N=N$
$N\times11.0905=MgNH_4PO_4\cdot H_2O$	$MgNH_4PO_4\cdot H_2O\times0.0902=N$
$N\times13.8925=Cu(NH_4)PO_4\cdot H_2O$	$Cu(NH_4)PO_4\cdot H_2O\times0.0720=N$
$N\times12.7356=Zn(NH_4)PO_4$	$Zn(NH_4)PO_4\times0.0785=N$
$N\times9.3985=(NH_4)_2B_4O_7.4H_2O$	$(NH_4)_2B_4O_7.4H_2O\times0.1064=N$

（续）

$N \times 6.9979 = (NH_4)_2MoO_4$	$(NH_4)_2MoO_4 \times 0.1429 = N$
$N \times 14.7059 = (NH_4)_6Mo_7O_{24} \cdot 4H_2O$	$(NH_4)_6Mo_7O_{24} \cdot 4H_2O \times 0.0680 = N$
$N \times 5.8582 = Ca(NO_3)_2$	$Ca(NO_3)2 \times 0.1707 = N$
$N \times 6.0683 = NaNO_3$	$NaNO_3 \times 0.1648 = N$
$N \times 7.2176 = KNO_3$	$KNO_3 \times 0.1386 = N$
$N \times 9.1491 = Mg(NO_3)_2 \cdot 6H_2O$	$Mg(NO_3)_2 \cdot 6H_2O \times 0.1093 = N$
$N \times 2.8596 = CaCN_2$	$CaCN_2 \times 0.3497 = N$
$P_2O_5 \times 0.4364 = P$	$P \times 2.2915 = P_2O_5$
$P_2O_5 \times 1.3808 = H_3PO_4$	$H_3PO_4 \times 0.7242 = P_2O_5$
$P_2O_5 \times 2.2272 = H_3PO_4 \cdot CO(NH_2)_2$	$H_3PO_4 \cdot CO(NH_2)_2 \times 0.4490 = P_2O_5$
$P_2O_5 \times 2.1851 = Ca_3(PO_4)_2$ (B. P. L.)	$Ca_3(PO_4)_2 \times 0.4576 = P_2O_5$
$P_2O_5 \times 1.3950 = Ca(PO_3)_2$	$Ca(PO_3)_2 \times 0.7168 = P_2O_5$
$P_2O_5 \times 2.4248 = CaHPO_4 \cdot 2H_2O$	$CaHPO_4 \cdot 2H_2O \times 0.4124 = P_2O_5$
$P_2O_5 \times 1.7758 = Ca(H_2PO_4)_2 \cdot H_2O$	$Ca(H_2PO_4)_2 \cdot H_2O \times 0.5631 = P_2O_5$
$P_2O_5 \times 1.6207 = NH_4H_2PO_4$	$NH_4H_2PO_4 \times 0.617 = P_2O_5$
$P_2O_5 \times 1.8608 = (NH_4)_2HPO_4$	$(NH_4)_2HPO_4 \times 0.5374 = P_2O_5$
$P_2O_5 \times 1.3669 = NH_4PO_3$	$NH_4PO_3 \times 0.7316 = P_2O_5$

（续）

$P_2O_5 \times 1.917\ 5 = KH_2PO_4$	$KH_2PO_4 \times 0.521\ 5 = P_2O_5$
$P_2O_5 \times 3.457\ 8 = MgNH_4PO_4 \cdot 6H_2O$	$MgNH_4PO_4 \cdot 6H_2O \times 0.289\ 2 = P_2O_5$
$P_2O_5 \times 2.513\ 8 = ZnNH_4PO_4$	$ZnNH_4PO_4 \times 0.397\ 8 = P_2O_5$
$P_2O_5 \times 2.633 = FeNH_4PO_4 \cdot H_2O$	$FeNH_4PO_4 \cdot H_2O \times 0.379\ 8 = P_2O_5$
$P_2O_5 \times 1.753\ 0 = Fe(NH_4)HP_2O_7$	$Fe(NH_4)HP_2O_7 \times 0.570\ 4 = P_2O_5$
$P_2O_5 \times 2.741\ 2 = CuNH_4PO_4 \cdot H_2O$	$CuNH_4PO_4 \cdot H_2O \times 0.364\ 8 = P_2O_5$
$K_2O \times 0.830\ 1 = K$	$K \times 1.204\ 7 = K_2O$
$K_2O \times 1.583\ 0 = KCl$	$KCl \times 0.631\ 7 = K_2O$
$K_2O \times 1.850\ 0 = K_2SO_4$	$K_2SO_4 \times 0.540\ 6 = K_2O$
$K_2O \times 1.467\ 2 = K_2CO_3$	$K_2CO_3 \times 0.681\ 6 = K_2O$
$K_2O \times 2.146\ 8 = KNO_3$	$KNO_3 \times 0.465\ 8 = K_2O$
$K_2O \times 2.889\ 3 = KNO_3$	$KNO_3 \times 0.346\ 1 = K_2O$
$K_2O \times 5.285\ 4 = MgSO_4 \cdot KCl \cdot 3H_2O$	$MgSO_4 \cdot KCl \cdot 3H_2O \times 0.189\ 2 = K_2O$
$K_2O \times 4.406\ 0 = 2MgSO_4 \cdot K_2SO_4$	$2MgSO_4 \cdot K_2SO_4 \times 0.227\ 0 = K_2O$
$K_2O \times 3.893\ 1 = MgSO_4 \cdot K_2SO_4 \cdot 4H_2O$	$MgSO_4 \cdot K_2SO_4 \cdot 4H_2O \times 0.256\ 9 = K_2O$
$K_2O \times 4.275\ 6 = MgSO_4 \cdot K_2SO_4 \cdot 6H_2O$	$MgSO_4 \cdot K_2SO_4 \cdot 6H_2O \times 0.233\ 9 = K_2O$
$K_2O \times 1.637\ 6 = K_2SiO_3$	$K_2SiO_3 \times 0.610\ 6 = K_2O$

（续）

$K_2O \times 1.318\ 7 = K_4SiO_4$	$K_4SiO_4 \times 0.758\ 3 = K_2O$
$K_2O \times 2.275\ 3 = K_2Si_2O_5$	$K_2Si_2O_5 \times 0.439\ 5 = K_2O$
$K_2O \times 3.550\ 5 = K_2Si_4O_9$	$K_2Si_4O_9 \times 0.281\ 6 = K_2O$
$S \times 1.998\ 1 = SO_2$	$SO_2 \times 0.500\ 5 = S$
$S \times 2.497\ 2 = SO_3$	$SO_3 \times 0.400\ 4 = S$
$S \times 3.091\ 3 = NH_4HSO_3$	$NH_4HSO_3 \times 0.323\ 5 = S$
$S \times 4.121\ 6 = (NH_4)_2SO_4$	$(NH_4)_2SO_4 \times 0.242\ 6 = S$
$S \times 2.311\ 1 = (NH_4)_2S_2O_3$	$(NH_4)_2S_2O_3 \times 0.432\ 7 = S$
$S \times 6.116\ 2 = (NH_4)_2SO_4 \cdot FeSO_4 \cdot 6H_2O$	$(NH_4)_2SO_4 \cdot FeSO_4 \cdot 6H_2O \times 0.163\ 5 = S$
$S \times 6.618\ 5 = NH_4NO_3 \cdot (NH_4)_2SO_4$	$NH_4NO_3 \cdot (NH_4)_2SO_4 \times 0.151\ 1 = S$
$S \times 9.115\ 3 = 2NH_4NO_3 \cdot (NH_4)_2SO_4$	$2NH_4NO_3 \cdot (NH_4)_2SO_4 \times 0.109\ 7 = S$
$S \times 11.612\ 1 = 3NH_4NO_3 \cdot (NH_4)_2SO_4$	$3NH_4NO_3 \cdot (NH_4)_2SO_4 \times 0.086\ 1 = S$
$S \times 5.994\ 9 = CO(NH_2)_2 \cdot (NH_4)_2SO_4$	$CO(NH_2)_2 \cdot (NH_4)_2SO_4 \times 0.166\ 8 = S$
$S \times 5.432\ 0 = K_2SO_4$	$K_2SO_4 \times 0.184\ 0 = S$
$S \times 4.246\ 4 = CaSO_4$	$CaSO_4 \times 0.235\ 5 = S$
$S \times 4.527\ 4 = CaSO_4 \cdot \frac{1}{2}H_2O$	$CaSO_4 \cdot \frac{1}{2}H_2O \times 0.220\ 9 = S$
$S \times 5.370\ 3 = CaSO_4 \cdot 2H_2O$	$CaSO_4 \cdot 2H_2O \times 0.186\ 2 = S$

（续）

$S\times 3.754\ 8=MgSO_4$	$MgSO_4\times 0.266\ 3=S$
$S\times 4.312\ 2=2MgSO_4\cdot K_2SO_4$	$2MgSO_4\cdot K_2SO_4\times 0.231\ 9=S$
$S\times 5.720\ 8=2MgSO_4\cdot K_2SO_4\cdot 4H_2O$	$MgSO_4\cdot K_2SO_4\cdot 4H_2O\times 0.174\ 8=S$
$S\times 6.281\ 4=MgSO_4\cdot K_2SO_4\cdot 6H_2O$	$MgSO_4\cdot K_2SO_4\cdot 6H_2O\times 0.159\ 2=S$
$S\times 7.766\ 1=MgSO_4\cdot KCl\cdot 3H_2O$	$MgSO_4\cdot KCl\cdot 3H_2O\times 0.128\ 8=S$
$S\times 3.039\ 3=ZnS$	$ZnS\times 0.329\ 0=S$
$S\times 5.597\ 5=ZnSO_4\cdot H_2O$	$ZnSO_4\cdot H_2O\times 0.178\ 7=S$
$S\times 8.969\ 2=ZnSO_4\cdot 7H_2O$	$ZnSO_4\cdot 7H_2O\times 0.111\ 5=S$
$S\times 17.436\ 8=ZnSO_4\cdot 4Zn(OH)_2$	$ZnSO_4\cdot 4Zn(OH)_2\times 0.057\ 3=S$
$S\times 4.709\ 6=MnSO_4$	$MnSO_4\times 0.212\ 3=S$
$S\times 5.271\ 6=MnSO_4\cdot H_2O$	$MnSO_4\cdot H_2O\times 0.189\ 7=S$
$S\times 6.395\ 4=MnSO_3\cdot 3H_2O$	$MnSO_3\cdot 3H_2O\times 0.156\ 4=S$
$S\times 6.957\ 4=MnSO_4\cdot 4H_2O$	$MnSO_4\cdot 4H_2O\times 0.143\ 7=S$
$S\times 8.671\ 9=FeSO_4\cdot 7H_2O$	$FeSO_4\cdot 7H_2O\times 0.115\ 3=S$
$S\times 4.909\ 2=Fe_2(SO_4)_3\cdot 4H_2O$	$Fe_2(SO_4)_3\cdot 4H_2O\times 0.203\ 7=S$
$S\times 5.847\ 9=Fe_2(SO_4)_3\cdot 6H_2O$	$Fe_2(SO_4)_3\cdot 6H_2O\times 0.171=S$
$S\times 4.965\ 7=Cu_2S$	$Cu_2S\times 0.201\ 4=S$
$S\times 4.979\ 1=CuSO_4$	$CuSO_4\times 0.200\ 8=S$

（续）

$S\times5.5410=CuSO_4\cdot H_2O$	$CuSO_4\cdot H_2O\times0.1805=S$
$S\times7.7888=CuSO_4\cdot 5H_2O$	$CuSO_4\cdot 5H_2O\times0.1284=S$
$S\times14.1107=CuSO_4\cdot 3Cu(OH)_2$	$CuSO_4\cdot 3Cu(OH)_2\times0.0709=S$
$CaO\times0.7147=Ca$	$Ca\times1.3992=CaO$
$CaO\times1.3213=Ca(OH)_2$	$Ca(OH)_2\times0.7569=CaO$
$CaO\times1.7848=CaCO_3$	$CaCO_3\times0.5603=CaO$
$CaO\times3.2122=NH_4NO_3\cdot CaCO_3$	$NH_4NO_3\cdot CaCO_3\times0.3113=CaO$
$CaO\times2.9261=Ca(NO_3)_2$	$Ca(NO_3)_2\times0.3418=CaO$
$CaO\times2.4276=CaSO_4$	$CaSO_4\times0.4119=CaO$
$CaO\times2.5882=CaSO_4\cdot\frac{1}{2}H_2O$	$CaSO_4\cdot\frac{1}{2}H_2O\times0.3864=CaO$
$CaO\times3.0701=CaSO_4\cdot 2H_2O$	$CaSO_4\cdot 2H_2O\times0.3257=CaO$
$CaO\times1.8436=Ca_3(PO_4)_2$	$Ca_3(PO_4)_2\times0.5424=CaO$
$CaO\times3.5314=Ca(PO_3)_2$	$Ca(PO_3)_2\times0.2832=CaO$
$CaO\times3.0688=CaHPO_4\cdot 2H_2O$	$CaHPO_4\cdot 2H_2O\times0.3259=CaO$
$CaO\times4.4951=Ca(H_2PO_4)_2\cdot H_2O$	$Ca(H_2PO_4)_2\cdot H_2O\times0.2225=CaO$
$CaO\times2.0710=CaSiO_3$	$CaSiO_3\times0.4829=CaO$
$CaO\times3.6657=Ca_2B_6O_{11}\cdot 5H_2O$	$Ca_2B_6O_{11}\cdot 5H_2O\times0.2728=CaO$

（续）

$MgO \times 0.6032 = Mg$	$Mg \times 1.6579 = MgO$
$MgO \times 4.1258 Mg(NO_3)_2 \cdot H_2O$	$Mg(NO_3)_2 \cdot H_2O \times 0.2424 = MgO$
$MgO \times 3.8531 = MgNH_4PO_4 \cdot H_2O$	$MgNH_4PO_4 \cdot H_2O \times 0.2595 = MgO$
$MgO \times 2.9856 = MgSO_4$	$MgSO_4 \times 0.3349 = MgO$
$MgO \times 10.2930 = 2MgSO_4 \cdot K_2SO_4$	$2MgSO_4 \cdot K_2SO_4 \times 0.0972 = MgO$
$MgO \times 9.0946 = MgSO_4 \cdot K_2SO_4 \cdot 4H_2O$	$MgSO_4 \cdot K_2SO_4 \cdot 4H_2O \times 0.1100 = MgO$
$MgO \times 9.9883 = MgSO_4 \cdot K_2SO_4 \cdot 6H_2O$	$MgSO_4 \cdot K_2SO_4 \cdot 6H_2O \times 0.1001 = MgO$
$MgO \times 6.1751 = MgSO_4 \cdot KCl \cdot 3H_2O$	$MgSO_4 \cdot KCl \cdot 3H_2O \times 0.1619 = MgO$
$MgO \times 2.0915 = MgCO_3$	$MgCO_3 \times 0.4781 = MgO$
$Si \times 2.1404 = SiO_2$	$SiO_2 \times 0.4672 = Si$
$Si \times 4.1390 = CaSiO_3$	$CaSiO_3 \times 0.2416 = Si$
$Si \times 5.4922 = K_2SiO_3$	$K_2SiO_3 \times 0.1819 = Si$
$Si \times 8.8540 = K_4SiO_4$	$K_4SiO_4 \times 0.1129 = Si$
$Si \times 3.8197 = K_2Si_2O_5$	$K_2Si_2O_5 \times 0.2618 = Si$
$Si \times 2.978 = K_2Si_4O_9$	$K_2Si_4O_9 \times 0.3358 = Si$
$B \times 3.2206 = B_2O_3$	$B_2O_3 \times 0.3105 = B$

（续）

$Fe \times 4.978\,0 = FeSO_4 \cdot 7H_2O$	$FeSO_4 \cdot 7H_2O \times 0.200\,9 = Fe$
$Fe \times 7.021\,4 = (NH_4)_2SO_4 \cdot FeSO_4 \cdot 6H_2O$	$(NH_4)_2SO_4 \cdot FeSO_4 \cdot 6H_2O \times 0.142\,4 = Fe$
$Fe \times 4.662\,5 = Fe_2(SO_4)_3 \cdot 5H_2O$	$Fe_2(SO_4)_3 \cdot 5H_2O \times 0.236\,6 = Fe$
$Fe \times 5.030\,2 = Fe_2(SO_4)_3 \cdot 5H_2O$	$Fe_2(SO_4)_3 \cdot 5H_2O \times 0.198\,8 = Fe$
$Fe \times 3.346\,2 = Fe(NH_4)PO_4 \cdot H_2O$	$Fe(NH_4)PO_4 \cdot H_2O \times 0.298\,8 = Fe$
$Fe \times 4.455\,8 = Fe(NH_4)HP_2O_7$	$Fe(NH_4)HP_2O_7 \times 0.224\,4 = Fe$
$Cu \times 1.251\,7 = CuO$	$CuO \times 0.798\,9 = Cu$
$Cu \times 2.251\,7 = Cu_2O$	$Cu_2O \times 0.444\,1 = Cu$
$Cu \times 1.252\,2 = Cu_2S$	$Cu_2S \times 0.798\,6 = Cu$
$Cu \times 2.511\,1 = CuSO_4$	$CuSO_4 \times 0.398\,2 = Cu$
$Cu \times 2.794\,5 = CuSO_4 \cdot H_2O$	$CuSO_4 \cdot H_2O \times 0.357\,8 = Cu$
$Cu \times 3.928\,1 = CuSO_4 \cdot 5H_2O$	$CuSO_4 \cdot 5H_2O \times 0.254\,6 = Cu$
$Cu \times 1.779\,4 = CuSO_4 \cdot 3Cu(OH)_2$	$CuSO_4 \cdot 3Cu(OH)_2 \times 0.562 = Cu$
$Cu \times 2.115\,5 = CuCl_2$	$CuCl_2 \times 0.472\,7 = Cu$
$Cu \times 2.682\,3 = CuCl_2 \cdot 2H_2O$	$CuCl_2 \cdot 2H_2O \times 0.372\,8 = Cu$
$Cu \times 1.739\,7 = CuCO_4 \cdot Cu(OH)_2$	$CuCO_4 \cdot Cu(OH)_2 \times 0.574\,8 = Cu$
$Cu \times 1.807\,7 = 2CuCO_4 \cdot Cu(OH)_2$	$2CuCO_4 \cdot Cu(OH)_2 \times 0.553\,2 = Cu$
$Cu \times 3.061\,3 = Cu(NH_4)PO_4 \cdot H_2O$	$Cu(NH_4)PO_4 \cdot H_2O \times 0.326\,7 = Cu$

主要参考文献

赵广春，徐俊恒，苏成军．2006. 百种作物无公害施肥技术．郑州：中原农民出版社．

陈庆瑞，涂仕华，等．2008. 主要肥料与施肥技巧．成都：四川科学技术出版社．

褚天铎，等．2008. 化肥科学使用指南．北京：金盾出版社．

崔英德．1999. 复合肥的生产与施用．北京：化学工业出版社．

范兴亮，冯天福．2001. 新编肥料实用手册．郑州：中原农民出版社．

方天翰，等．2003. 复混肥料生产技术手册．北京：化学工业出版社．

冯文清，陈宗光，等．2009. 蔬菜配方施肥 120 题．北京：金盾出版社．

高祥照，申朓，郑文，等．2005. 肥料实用手册．北京：中国农业出版社．

化学工业出版社．2000. 农用化学品——农药化肥农膜饲料添加剂．北京：化学工业出版社．

劳秀荣，杨守祥，李燕婷，等．2009. 果园测土配方施肥技术百问百答．北京：中国农业出版社．

鲁剑巍，曹卫东．2010. 肥料使用技术手册．北京：金盾出版社．

马国瑞，等．2004. 蔬菜施肥手册．北京：中国农业出版社．

张宝林，等．2003. 功能性复混肥料生产工艺技术．郑州：河南科学技术出版社．

张洪昌，赵春山，等．2010. 作物专用肥配方与施肥技术．北京：中国农业出版社．

张志明，等．2000. 复混肥料生产与利用指南．北京：中国农业出版社．

周连仁，姜佰文，等．2007. 肥料加工技术．北京：化学工业出版社．